大连古建筑测绘十书

清泉寺

胡文荟　王玮龙　王　艺　著

中国建筑既是延续了两千余年的一种工程技术，本身已造成一个艺术系统，许多建筑物便是我们文化的表现、艺术的大宗遗产。

—— 梁思成

江苏凤凰科学技术出版社

图书在版编目（CIP）数据

　　大连古建筑测绘十书. 清泉寺 / 王丹主编 ；胡文荟，
王玮龙，王艺著. -- 南京：江苏凤凰科学技术出版社，
2016.5
　　ISBN 978-7-5537-6238-8

　　Ⅰ. ①大… Ⅱ. ①王… ②胡… ③王… ④王… Ⅲ.
①寺庙－古建筑－建筑测量－大连市－图集 Ⅳ.
①TU198-64

　　中国版本图书馆CIP数据核字(2016)第058355号

大连古建筑测绘十书

清泉寺

著　　　者	胡文荟	王玮龙	王　艺	
项 目 策 划	凤凰空间/郑亚男	张　群		
责 任 编 辑	刘屹立			
特 约 编 辑	张　群	李皓男	周　舟	丁　兴

出 版 发 行	凤凰出版传媒股份有限公司
	江苏凤凰科学技术出版社
出 版 社 网 址	南京市湖南路1号A楼，邮编：210009
出 版 社 网 址	http://www.pspress.cn
总 经 销	天津凤凰空间文化传媒有限公司
总 经 销 网 址	http://www.ifengspace.cn
经 　 销	全国新华书店
印 　 刷	北京盛通印刷股份有限公司

开 　 本	965 mm×1270 mm 1／16
印 　 张	7
插 　 页	1
字 　 数	56 000
版 　 次	2016年5月第1版
印 　 次	2023年3月第2次印刷

标 准 书 号	ISBN 978-7-5537-6238-8
定 　 价	98.80元

图书如有印装质量问题，可随时向销售部调换（电话：022-87893668）。

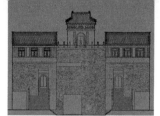

图书总序

我在大连理工大学建筑与艺术学院兼职数年，看到建筑系一群年轻教师在胡文荟教授的带领下，对中国传统建筑文化研究热情高涨，奋力前行，很是令人感动。去年，我欣喜地看到了他们研究团队对辽南古建筑研究的成果，深感欣慰的同时，觉得很有必要向大家介绍一下他们的工作并谈一下我的看法。

这套丛书通过对辽南10余处古建筑的测绘、分析与解读，从一个侧面传达了我国不同地域传统建筑文化的传承与演进的独有的特色，以及我国传统文化在建筑中的体现与价值。

中国古代建筑具有悠久的历史传统和光辉的成就，无论是在庙宇、宫室、民居建筑及园林，还是在建筑空间、艺术处理与材料结构的等方面，都对人类有着卓越的创造与贡献，形成了有别于西方建筑的特殊风貌，在人类建筑史上占有重要的地位。

自近代以来，中国文化开始了艰难的转变过程。从传统社会向现代社会的转变，也是首先从文化的转变开始的。如果说中国传统文化的历史脉络和演变轨迹较为清晰的话，那么，近代以来的转变就似乎显得非常复杂。在近代以前，中国和西方的城市及建筑无疑遵循着不同的发展道路，不仅形成了各自的文化制式，而且也形成了各自的城市和建筑风格。

近代以来，随着西方列强的侵入以及建筑文化的深入影响，开始对中国产生日益强大的影响。长期以来，认为西方城市建筑是正统历史传统，东方建筑是非正统历史传统这一"西方中心说"的观点存在于世界建筑史研究领域中。在弗莱彻尔的《比较建筑史》上印有一幅插图——"建筑之树"，罗马、希腊、罗蔓式是树的中心主干，欧美一些国家哥特式建筑、文艺复兴建筑和近代建筑是上端的6根主分枝。而摆在下面一些纤弱的幼枝是印度、墨西哥、埃及、亚述及中国等，极为形象地表达了作者的建筑"西方中心说"思想。今天，建筑文化的特质与地域性越发引起人们的重视。中国的城市与建筑无论古代还是近代与当代，都被认为是在特定的环境空间中产生的文化现象，其复杂性、丰富性以及特殊意义和价值已经令所有研究者无法回避了。

在理论层面上开拓一条中国建筑的发展之路就是对中国传统建筑文化的研究。

建筑文化应该是批判与实践并重的，因为它不局限于解释各种建筑文化现象，而是要为建筑文化的发展提供价值导向。要提供价值选向，先要做出正确的价值评判，所以必须树立一种正确的价值观。这套丛书也是在此方面做出了相当的努力。当然得承认，传统文化可能是也一柄多刃剑。一方面，传统文化也可能成为一副沉重的十字架，限制我们的创造潜能；而另一面，任何传统文化都受历史的局限，都可能是糟粕与精华并存，即便是精华，也往往离不开具体的时空条件。与此同时又可以成为智慧的源泉，一座丰富的宝库，它扩大我们的思维，激发我们的想象。

中国传统文化博大精深，建筑文化更是同样。这套书的核心在如下三个方面论述：具体层面的，传统建筑中古典美的斗拱、屋顶、柱廊的造型特征，书画、诗文与工艺结合的装修形式，以及装饰纹样、各式门窗菱格，等等。宏观层面的，"天人合一"的自然观和注重环境效应的"风水相地"思想，阴阳对立、有无互动的哲学思维和"身、心、气"合一的养生观，等等。这期中蕴含着丰富的内涵、深邃的哲理和智慧。中观层面的，庭院式布局的空间韵律，自然与建筑互补的场所感，诗情画意、充满人文精神的造园艺术，形、数、画、方位的表象

与隐喻的象征手法。当然不论是哪个层面的研究，传统对现代的价值还需要我们在新建筑的创作中去发掘，去感知。

2007年以来，这套丛书的作者们先后对位于大连市的城山山城、巍霸山城、卑沙山城附近范围的10余处古建进行了建筑测绘和研究工作，而后汇集成书。这套大连古建筑丛书主要以照片、测绘图纸、建筑画和文字为主，并辅以视频光盘，首批先介绍大连地区的10余处古建，让大家在为数不多的辽南古建筑中感受到不同的特色与韵味。

希望他们的工作能给中国的古建筑研究添砖加瓦，对中国传统建筑文化的发展有所裨益。

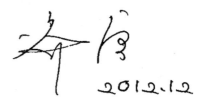

二O一二.一二

前 言
Foreword

很多人说 80 后的这一代丢了很多老祖宗留下的传承。

也许这种说法过于偏激，

但身处这个时代，我并不否认这一切。

这一代人，总是追着时间往前跑，

那些被时间和记忆留下的历史，

早已被我们遗忘在角落，且早已风霜满尘。

碧海青天，古街瓦房，

摸过经过千万年岁月洗礼斑驳的古城墙，

踩过古今风雨侵蚀和战火淬炼的青石板，

我反而感受到自己活得从未有过的真实。

这一切透露出一种安详的气息，

不是一个历史电影带给我一时而来的热血沸腾，

而是像儿时记忆里妈妈讲故事一般，

把那些早已被遗忘在时间里的历史，

温声细语地在我耳边倾诉。

青苔绿草，留在老房子周边的记忆从未消失过。

时间的齿轮从来没有停止转动，

我们有很多时候都在被迫前行，

也无暇顾及，那些被丢弃的曾经。

因为我们怕一个恍惚就被一个时代落下了队伍。

也正因如此，老一辈的人总说我们这一代活得不真实。

在路上努力行走的我们，

跟着一个时代的人一起往前走，

哪怕终点的路未必是自己想要抵达的目的地。

我们还是不愿承认，

一路向前，无奈前行，

而那所谓的不忘初心，却早已渐行渐远。

人开始成长最重要的一个阶段，

就是开始学会拥有一颗平静的心吧。

当所有的纷扰不得不在身边的时候，

留给自己内心一块净土，

也愈加喜欢那种平凡而宁静的美。

万物的生长，都有其强大的自然规律，

小溪流水，青山绿树，山海之间，

人的所有情绪都足以被完全包容。

脱掉了浮华与虚无的外衣，

回归到自己最初的状态。

它穿过岁月安然地存在着，

像一个饱经风霜安静的老人。

久违的温暖和不可宣言的感动，

能够溢满你的内心。

生活的脚步从不因为什么而有所改变，

你来与不来，离开或是回来，故事从未因此而不同。

靠近它，感受它，历史留给我们很多。

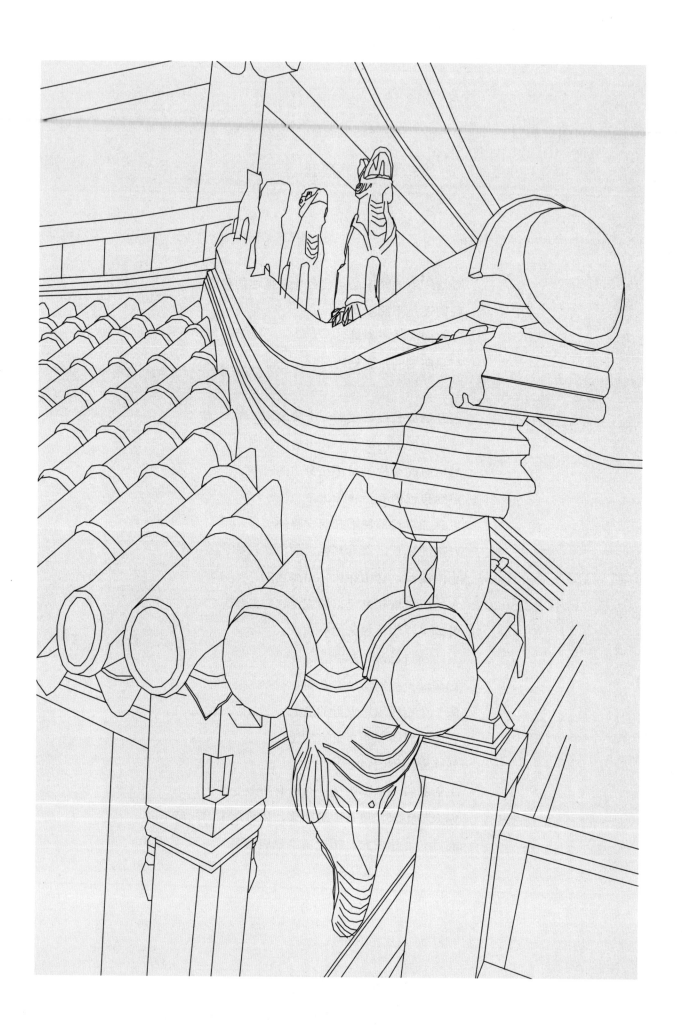

目 录

辽南地区的四座山城

莽苍的北国山河间，多少铁与血铸就的传奇，早已消失在历史的尘埃中。往事越千年，只有那一座座荒弃的山城依然默默守望着，见证了历史的沧桑和时空的变迁，巍霸山城便是其中之一。这里每一寸土地都有自己的文化内涵，绵长的历史能带我们回到古代征杀的古战场，感受一个民族的不屈与坚韧。清泉寺东城门与巍霸山城入口城门见图1、图2。

巍霸山城，又名吴姑城，坐落于普兰店市星台镇葡萄沟村的巍霸山上，距离大连市约129公里。始建于东汉光武帝时期的巍霸山城，距今已有1900多年历史。巍霸山，地处碧流河右岸，海拔约420米，基本地貌为中央高，向东西两侧呈阶梯状降低，直至海滨，构成山地、丘陵半岛的地貌形态。夏无酷暑，冬无严寒，属海洋性过渡气候。巍霸山位于辽东半岛南端，东、西、南三面临海，是辽南古代的交通要冲，

注定了此地的血雨腥风。战乱一直充斥在这片土地上，山林之中，古老的山城由此走来，防御，是无奈的第一要务。素擅凭高建城，依险固守的高句丽在此抵御了强大的隋唐。近几年从巍霸山城内出土的高句丽时期的地下宫殿遗址，环手铁刀、开元通宝等文物也印证了其不凡的历史地位。山城曾经的沉寂与崛起都在那青山绿水中绵长蜿蜒。巍霸山城秋景见图3。

秦汉以来，辽东就是兵家必争之地。中原王朝和北方民族在这片大地上长期交流碰撞。崛起于公元前1世纪的高句丽民族就是其中的代表，立国之初就把西进、南下作为扩张的方向。《后汉书·东夷传·高句丽》载："和帝元兴元年公元（105年）春，复入辽东，寇略六县。"公元404年广开土王侵袭后燕，在历经三百年的反复争夺后，高句丽终于占领了辽东全境。隋朝统一中原后，意欲收复辽东。隋

图1 清泉寺东城门

图2 巍霸山城入口城门

文帝和隋炀帝先后数次征伐高句丽皆以失败告终。唐朝建立以后，太宗李世民认为辽东乃"中国之旧有"，"今天下大定，唯辽东未宾，后嗣因士马盛疆，谋臣导以征讨，丧乱方始，朕故自取之，不遗后世忧也"。于是太宗积极备战，于贞观十八年（644年）十月和贞观二十一年（647年），两次大举征伐高句丽。最终，唐高宗总章元年（668年）九月，唐军攻灭了高句丽，收复了辽东。

高句丽民族发源于山地，"高句丽"的含义就是"建筑于高山上的城堡"，所以素来擅长依山建城，凭险固守。唐贞观年间，高句丽王为抵御唐军的征伐，以举国之力，修筑了自东北扶余到西南大海绵延千余里的长城。还曾在辽东半岛南部的险要之地建造四座规模较大的山城，分别是金州区大黑山卑沙城、瓦房店市得利寺山城、庄河市城山山城、普兰店市巍霸山城。从整体布局来看，巍霸山城位于四座山城的中间地带，与其他三座山城遥相呼应，互为依托。从山城的规模上看，可分为大、中、小三种类型，巍霸山城属于中型山城。

山城依山傍势，其城墙以高大宽厚坚实著称，体现了因险设阻的经验。墙体的高低宽窄根据需求与地势条件不同，做出相应的调整。城墙绵延十几里，顺山势环绕，如一条巨龙蜿蜒于悬崖峭壁之上，气势甚为雄浑磅礴。城墙设有东、西、南、北四个城门。墙体全部为人工凿石，用楔形蛮石砌筑，石块之间垒砌紧密，历经千百年仍岿然屹立，牢不可破。城内景致甚多，如古城墙、点将台、烽火台、吴姑城、梳妆楼、古城墙、紫禁城、拴马石和捣米的石臼等。

现存城墙外壁最高处达9.4米，内壁高1.24米，顶宽3.29米，古城建有东、西、南、北四个城门。上层为修复后的城墙部分城墙，下层为高句丽时期城墙。东城门是出入山城的主要通道，城墙宽约6米，高约9米，是全城保存最好的一面城墙。也是进入城内清泉寺的主要通道。

站在城内高处俯瞰，四周山川一览无余，一阵山风从耳畔刮过，仿佛可以听到高句丽人遥远的足音。

曾经高大的城墙展示着岁月的痕迹，或断裂，或残缺，高低错落间有着阅尽尘世的沧桑。

图3 巍霸山城秋景

普兰店市巍霸山城

高句丽在长达数百年的时间内，为了巩固政权，在辽东半岛山区建立了一系列屯兵堡垒——高句丽山城（图4）。

据考证，大连地区的高句丽山城有十余座。这时期具有沿外流河沿岸交通咽喉及险要之地特点的辽东半岛南部地区军事防御体系，构筑密集的山城，其作用主要是承担针对黄、渤二海方向的防御。山城的布局是充分利用地形，进行综合选择和周密安排的结果。高句丽山城的选址多在河谷一侧的山崖上，或是水陆交通要冲之处，凡是山势陡峭易守难攻之处，必定在入选之列（图5）。

巍霸山城的平面布局犹如凹字形。城墙依山起伏，随山就势，西、南、北三面环山，形如簸箕。山城西、北两面山势陡峭，其城墙相对于西南和正南两面的城墙保存较好。山城南北两翼城墙伴随着山脊的走势而延伸至城外，形成了守护山城城外台。城内地

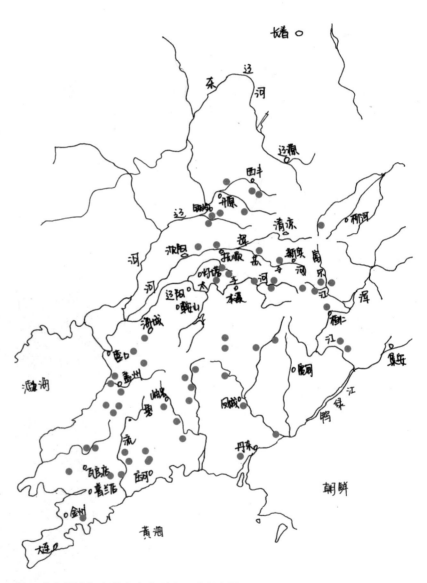

图4 高句丽政权在辽东半岛所建山城示意图

势西高东低，坡度较缓。两个城外台像收缩的瓶颈，敌军偷袭时，城门的城墙和两个城外台即可三面居高临下夹击，形成天然的瓮城。

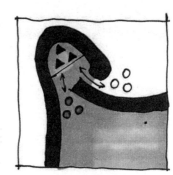

图 5 巍霸山城天然瓮城防御示意图

在山城的东南角城墙保存较好，残高约 1.5 米，个别坍塌楔形石的尖端裸露在外，城墙外侧修缮工整（图 6 ～图 8）。在东南角城墙拐角处的北翼约 5 米处，有一边长约 20 厘米的水门，如今已没有水流流出。沿东南角城墙拐角的南翼，城墙向西随山脊走势延伸。南部城墙长约 1000 米，其东半部分顶宽 1~2 米，残高 1~2 米，城墙外侧严重倒塌，山坡处并散落很多城墙石。南墙西部多修筑在山脊的凹陷处，因为多为筑断式修筑，城墙残高 2~3 米。南部城墙的最西段 100 米左右城墙高达 5 米，顶宽 2~3 米，并于西南角修建有一宽大的马面平台，底宽约 48 米，残高近 6 米，马面的东、南两侧严重倒塌。

山城西南角的马面，除了两条城墙交汇于此，还连接山城的南面城墙外。一条城墙修筑于继续向西南延伸的山梁上，独立于山城之外，城墙遗迹不十分明显，其主要是为了防御敌人从该道约 300 米山梁攻入城内而修建的。另一道城墙为山城的西面城墙，该段城墙长约 500 米，高 3~4 米，严重倒塌，山坡上散落着大量城墙石。由于此段山梁南、北两端高于中部，中部山坡散落的城墙石最多，因此推测原山梁中部修筑的城墙要高于南、北两端。沿着西面城墙的中部向北前行，山势愈加陡峭，其西北角处有一用长条石砌筑的方形平台，台基为石块垒砌，底宽上窄，并逐渐内收，形成梯状。

平台宽约 2 米，残高约 1.7 米，其东南角和西面严重倒坍。可能为瞭望台或者烽火台。位于全城西北角的制高点上的平台视野十分开阔。此平台所在山峰连接东西北三道山梁。

图 6 巍霸山城现存保留较完好的城墙

图 7 巍霸山城东南角城墙

图 8 巍霸山城坍塌处城墙

　　一条向东延伸为山城的北部山梁，上面筑有城墙。在这道山梁的最东端，即山城东门的北侧城墙，遗迹十分清晰，残高约 3 米的城墙倒塌，楔形石的尖头部分裸露在外，干打垒式的砌筑方法十分明显。另一条山梁向西延伸，独立于山城之外，上面没有修筑城墙是因为山梁高度远远低于山城的西侧山梁。第三条山梁为向北延伸的一条山梁，山梁亦独立于山城之外，略低于山城西、北两侧山梁，上面筑有城墙。其山梁西侧有倒塌的城墙石，东侧坡势略缓，树木较多。该道山梁分别与向西延伸的那道山梁和山城的北部山梁形成两个山谷，山谷深达数十米，树木茂盛，形成了天然的防线。

　　经过研究可知，巍霸山城在高句丽时期的功能主要有军事防御和行政管辖两种。

其一，军事防御功能。隋、唐的相继建立以及所发动的多次统一战争，使高句丽被迫由对外扩张转为对外防御。高句丽于公元427年迁都平壤。隋、唐进攻平壤只有三条路线：第一条是陆路，由辽西进入辽东，再由辽东进至朝鲜半岛；第二条是水路，渡海直抵朝鲜半岛。第三条是水陆结合，渡黄、渤二海至辽东，再由辽东进至朝鲜半岛。第一条跟第三条进攻路线都是以辽东做进攻朝鲜半岛的跳板。由于水陆运输难度和危险系数较大，运输兵力和补给的能力也极为有限，所以这两条进攻路线对于高句丽来说，要比第二条来自水路的进攻而更具有威胁。因此，辽东也就成了高句丽防御的前沿和重点。

高句丽在辽东部署了比较完备的防御体系。从防御的对象来看，荣留王十四年（631年）到宝藏王五年（646年）在辽河以东修筑的长城是用来防御来自辽西的进攻。沿黄、渤二海沿岸修建的山城及平原城是用来防御自海上的进攻。而散布在长白山东、西两麓的城池，则是高句丽镇守辽东腹地，以及扼守朝鲜半岛的最后一道防线。巍霸山城地处高句丽防守辽东半岛的前沿阵地，与部署在辽南地区的其他城池，共同构筑了一条防御来自海上进攻的防线。

其二，行政管辖功能。《三国史记》载：（东明圣王）"十年冬十一月，王命扶尉伐北沃沮，灭之。以其地为城邑。"《三国志》则记载：（高句丽）"国中邑落，暮夜相聚，相就歌戏。"可见，高句丽的建置有"聚落"和"城邑"的存在。据《史记·五帝本纪》载："一年而所居成聚，二年成邑，三年成都。"这里的"聚"、"邑"、"都"均是规模不同的聚落，但随着社会的发展也逐渐演变成为三种不同的行政建置。聚落依托城邑，城邑拱卫都城是高句丽最基本的行政建置。因此，高句丽的城邑作为行政建置一方面要对都城负责，另一方面还要管理周边聚落。

修建于高句丽中晚期的巍霸山城，此时已经趋于健全的高句丽城邑制度发展，并且出现了"比郡县"制。尽管如此，都城—城邑—聚落，仍然是高句丽当时的一种重要行政建置和管理体制。所以，作为高句丽的城邑之一，巍霸山城要对其所属的"城民"（居于城中的居民）和"谷民"（散居于山城周边的部民，亦称下户）进行统一的管理，并通过对"谷民"的税收，供给城内官员以及高句丽贵族的物质需求。即《三国志》中所谓"其国中大家不佃作，坐食者万余口，下户远担米粮鱼盐供给之"。

简言之，在高句丽时期巍霸山城负有管理和保卫周边地区的职责，是高句丽政权在辽东半岛地区设立的一个军政合一的城池。在唐朝灭亡高句丽后，高句丽的遗民或被迁移，或是融入靺鞨、新罗等民族。巍霸山城从此失去了它原有的行政管辖和军事防御功能。

山城与平原城不同的砌筑方式

巍霸山城内缺少民用建筑设施,看不出市井和里坊的规整布局,这点有别于中原州、郡和都城的里坊、街道等城市规划特征。由此可知,巍霸山城更多是在战争爆发时作为军事防御的城池和一座临时避难场所,并不是当时平民百姓的常居之地。而在山城之外有着的大片开阔平坦肥沃的土地,那才是巍霸山城所管辖的人们劳作和日常居住的场所。

此外,在巍霸山城东西走向的山梁上还遗留着一些小型堡垒的遗迹。这些堡垒曾经是巍霸山城驻兵和瞭望的地方,相当于今天的哨岗。当晴天驻足于此,向东北则可以遥望到今天的庄河市一带,向东南可以眺望到黄海之滨。因此,当战争爆发时,山城的守军可以通过这些制高点把山城周边的水陆交通要冲尽收眼底,及时掌握军事动向,从而为巍霸山城的驻军和周边平原地区居住的军民退守山城、部署防御赢得宝贵的时间。

巍霸山城城墙的修筑材料全部是以当地的花岗岩为主。楔形石料的砌筑方法被称为干打垒式筑砌,即尖端处相向堆砌,中间的凹处用碎石填充(图9)。这种建筑方法虽看似简陋、原始,但却是一种因地制宜的做法。虽然就地取材也需耗费大量的物力和人力,但跟到远处开采石料再搬运到工地的取材方法相比较,还

是要便捷许多的。而且,楔形石头相向垒砌,可以保证城墙厚度与坚固性,又可以省去传统城墙长条石的烦琐加工工艺。碎石的填充增强了城墙抗雨水冲击的能力,又避免了黏土抹泥的工序。由巍霸山城到处裸露着的花岗岩可以看出山城地质结构稳定,植被茂盛,可以降低山城遭受山体滑坡和泥石流冲击的可能性,减少山体的泥土流失,并且增强了山城的抗震能力。由于山城依山势而建,城内西高东低,有着自然向下倾斜的坡度和专门排水的水门,这就做到了对山泉和雨水的及时排泄,防止了水涝的发生。因此,巍霸山城的整体布局方式与修筑方法既有效地提高山城抵御自然灾害的能力,也保证了山城的军事防御能力。

古代中原地区汉民族的城墙通常是以土为材料,以夯土打实筑成,每层以15厘米的厚度一层一层地打。上部墙面向内收起成为"侧脚",城墙的墙面不做成直线的,目的是把城墙做得坚固耐久。城墙的上部一般宽约3.5米,下部厚4米,高度7~10米不等。明代以后,国势发达,经济繁荣,有能力烧砖,对各地城墙外皮进行包砖,成为砖城墙。城砖用白灰浆砌筑,比房屋用的砖块尺度宽长。凡是砖砌的城墙,其表皮用砖,基座都用石条砌筑,石条高度有的地方1米,有的地方2米,不甚一致,

在石条的顶部再砌砖墙墙体，砌到一定高度时再做垛。

现在到北京或到其他地方，基本上看到的全部都是半圆形的门洞的城门——券门洞。一般用于房屋与墓葬的券洞发明很早，到元代开始才大量用于城门上。早期的城门洞口都做圭角形或者做方形的，其来源是由于建楼用木梁来支承，在砖墙上用圆木成排地平铺基础之上，在圆木上往上砌砖，上部再建城楼，这是砖土结合的方式。在这样构造的情况下，桃木即梁与砖打接之处易于腐烂，所以在梁的端部贴城墙洞口是一排木柱，木柱柱头再支承顺梁，梁面贴于排梁之底面，这就加固了其承压力。唐宋时期这种做法十分普遍，到了元朝，砌砖技术更进一步发展，所以改为用砖砌拱的办法，城门洞口的木梁、排梁全部取消，由墙体一直与拱砖门洞口上的顶砖全部连成一体，这样既坚固又耐久，非常稳定。

城墙并非一条直线，有的不直通，有的相互错开。虽然用砖砌出，也同样砌出弧形。在城墙墙体之侧面还砌出马面（宋代名词）。就是在墙体的外楼建一个方垛，大约 5 米 ×8 米，从外表看与城墙相同，这是为防御敌人攻城，保卫城池的一项设施。每隔二十几米之处，特别是防御性强的部位，才建设马面。顺着巍霸山城的城墙向上攀爬可以看到一座座石砖整齐地堆砌排列在一起巨大的马面。山城城垣沿山脊走势堆砌而成。在马面东侧城墙上留下一个大洞，还看到了因风蚀而滑落的大量石块，可以清晰地看到城墙的断面，进而了解城墙的结构。修筑城墙的石块呈梭形和楔形，梭形石条尖端处相向堆砌，中间的凹处用碎石填充，侧面则采用楔形石插入尖状条石间，形成内外墙面。

在城墙的里边还建有为人们登上城墙之用的马道。城墙只修外面，与其他城一样，但在城里边不做墙面而是做斜的土坡。这样做，一方面主要是为了战争时，人们可从城内四面八方登上城头，不用局部的马道；另一方面是为了节省城砖。这种方法，可以增强战力和防御性。

通过山城与平原城的对比不难发现，高句丽山城以脊垣为屏、山腹为宫、谷口为门的"风水"理念，兼具因地形制、环境优美、防御坚固等特点，融军事、建筑、生产、生活与自然环境于一体，形成了高句丽自然环境与山城完美结合的古山城建筑模式。

山城凝聚了高句丽 600 余年的历史，数代高句丽将领在此指点江山，挥洒豪情。历史的长河涤荡了古往今来的人与事，却无法湮灭当时的物与景。游走在遗迹间，难免有物是人非之感。600 余年的古城，此感尤为浓烈苍凉的气息，久久弥漫。

图 9 巍霸山城干打垒式筑砌城墙

"唐王建刹"的清泉寺

清泉寺，建于巍霸山城之中，当年的山城现已形同废墟，幽静的清泉寺穿越千百年依然守在这里。这是一片远离喧嚣的土地，清凉的风与苍翠的山林似乎使人忘了思考。这是一片禅门净土，没有尘世的烦扰，没有世俗的纷杂。清泉寺一洞天艺术创作见图10。

因寺内石碑上刻着"唐王建刹"字样，故推为唐代古寺。传说唐太宗御驾亲征高句丽时，曾屯兵于此。他饱览此间山水奇景，颇有留恋之意，故敕造此寺。寺中有一净源甘泉，泉水清冽甘美，因以此为名。其实历史上唐王并未到过辽南，但当年唐军和高句丽军确实在此鏖战经年。当年攻克巍霸山城的是唐王麾下将领，因此"唐王建刹"应理解为"唐王李世民时代建此古刹"。

自传说中的"唐王建刹"，经明万历三十五年重修，清乾隆二十六年增建西王金母殿；

图10 清泉寺一洞天艺术创作

同治三年增建药王殿；民国十六年重修前后殿，增修两配殿、中殿、钟鼓二楼、裙墙、山门等，即现在之规模。同辽南地区众多的寺庙一样，清泉寺在千百年的岁月变迁中，逐渐发展为集佛、儒、道三教一体的著名宗教圣地。民国十九年（1930年）以及民国二十四年（1935年）重修后的规模为现存寺院（图11）。

清泉寺历尽千年沧桑，所幸"文革"期间未遭严重损毁。改革开放后，该地逐步发展成为风景区，当地知名度大为提高，得到文化界知名人士的广泛赞誉。1961年冬，中国戏剧家协会主席田汉来普兰店市皮口镇搜集甲午战争史料时，在游览了巍霸山城清泉寺后称这里是中国的"小佛山"。1982年，著名散文家刘白羽同一位考古学家来此，称赞巍霸山城清泉寺"价值连城"。20世纪80年代末台湾知名艺人凌峰在拍摄电视系列片《八千里路云和月》时曾取景清泉寺汉白玉石屏立柱上九龙戏珠浮雕。电视剧《武松》《篱笆·女人和狗》《未曾公开的故事》等也都曾在此取景。

清泉寺建筑古雅别致，融佛、儒、道三教建筑风格为一体。千百年来，无论禅门的还是世俗的，乱世的还是盛世的，有太多的传说曾与这座清幽静谧的古寺相关。在远离中原的茫远边城，清泉寺保存并印证了大连地区最悠久的历史文化与建筑艺术，被誉为"辽南第一寺"。1988年，清泉寺被辽宁省政府公布为省级文物保护单位。

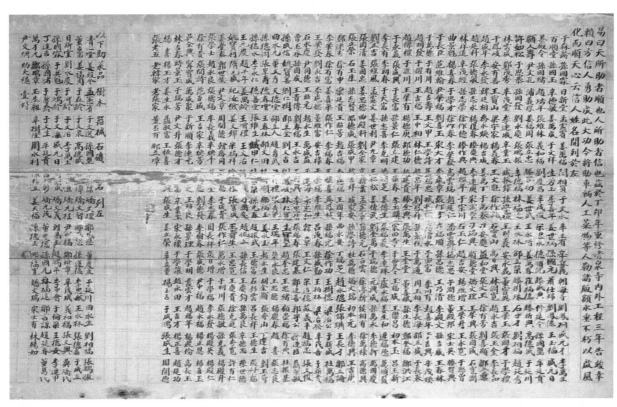

图11 清泉寺民国十九年重修纪念碑

清泉寺的另一个名字：吴姑庙

清泉寺晚于山城数百年修建，由于长期战乱不断，此地人烟稀少，所以香火不旺，逐渐破败凋敝，直到吴姑到来，寺院的惨淡境况才得以改变。清泉寺在当地人称吴姑庙，巍霸山城因而又称吴姑城。"吴姑"之名究竟由何而来？

明万历年间，一位名叫吴姑的清泉寺住持以她的聪明才智和对佛事的虔诚振兴了寺庙，使这座千年古刹从此有了文字记载的历史。清泉寺中立于明万历三十五年的《巍霸山城清泉寺碑铭》上这样记载吴姑的生平事迹："比丘尼祖升，道号仙翁，原本辽阳人林氏宗族也。佛而笃信，缘聘吴门宜家，举而睦里抬怡，组织勤夫，而和邻肃肃，嗜贤良于胜迹，遵道德于心田。从夫访古，于斯不舍，徘徊此地，荷蒙檀越邢云林等，延栖乐志，十有四年，续脱嗣于寰浮，播心田于方寸，一旦良人去世，断爱夭缘。"碑文记载了一个非常动人的爱情故事。原名叫林音松的吴姑原本是辽阳人氏，嫁进吴家后，夫妻信佛甚笃，可谓志同道合，佳偶天成。结婚十四年，夫妻二人恩爱和睦，与亲友邻里相处也十分融洽，但遗憾的是婚后二人一直无子。丈夫去世后，吴姑遁入空门，法名祖升。祖升法师冷坐三冬，青灯古佛，为一方民众祈福，募捐化缘，重修殿宇，古寺得以复兴。

据清泉寺住持修真法师说，吴姑为清泉寺第十二代住持。吴姑主持寺庙时，这里香火极盛。庙内尼姑多达三十多人，各方居士更是数不胜数。人们感念吴姑重振古刹之德，于是将巍霸山城称作吴姑城，清泉寺也被称作吴姑庙。吴姑圆寂后葬于山城北山坡上，现吴姑墓尚存。寺内雪映屏上有《吊吴仙姑墓》诗：

> 步到深山第几重，吴姑灵墓白云封，
> 动成海北入都羡，名冠辽东女所宗。
> 卓尔岩是青蓊郁，依然腾绕碧葱芝，
> 韬真安稳希夷萝，一味逍遥赛卧龙。

清泉寺所存建筑极具艺术价值，有艺术家对清泉寺垂脊脊兽进行了艺术创作（图12）。秋季远眺清泉寺，风景秀丽（图13）。

图 12 清泉寺垂脊脊兽艺术创作

图 13　秋季远眺清泉寺

千年清泉

清泉寺背靠青山，面向深谷，地势高爽，在寺内平台之上可遥望连绵群山景色，壮丽无比，其选址可谓绝佳。清泉寺总平面与剖面测绘图见图14～图16。

寺院东西长约66米，南北宽约25米，前后落差70米，总占地面积达1700平方米。寺院呈三进式坡形建造，坐西朝东，依山势逐层升高，形成三升三降式的六座大殿，集儒释道三教信仰为一体。全寺殿堂错落有致，掩映于参天古树之中，意境颇佳。寺内环境僻静安谧，建筑屋檐与外墙攀爬覆盖了许多藤蔓植物，夏日青翠悦目，秋时红艳成趣，更为古寺增添了古朴之感。四周树木环绕，绿荫葱葱。寺中古柏、古松，枝叶茂盛，青翠蓊郁。

步入巍霸山城东门，沿着138级石阶进入城内。在一片花草丛生的开阔地前，首先映入眼帘的是一道坡度很大的

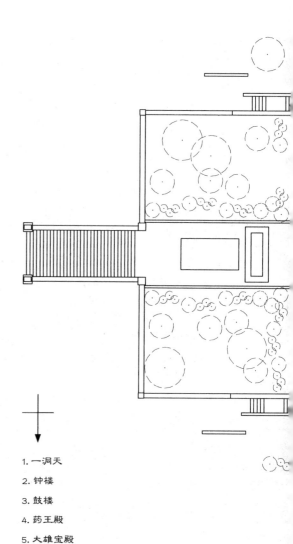

1. 一洞天
2. 钟楼
3. 鼓楼
4. 药王殿
5. 大雄宝殿
6. 伽蓝殿
7. 万事佛（玉皇殿）
8. 老君殿
9. 藏经楼（娘娘殿）

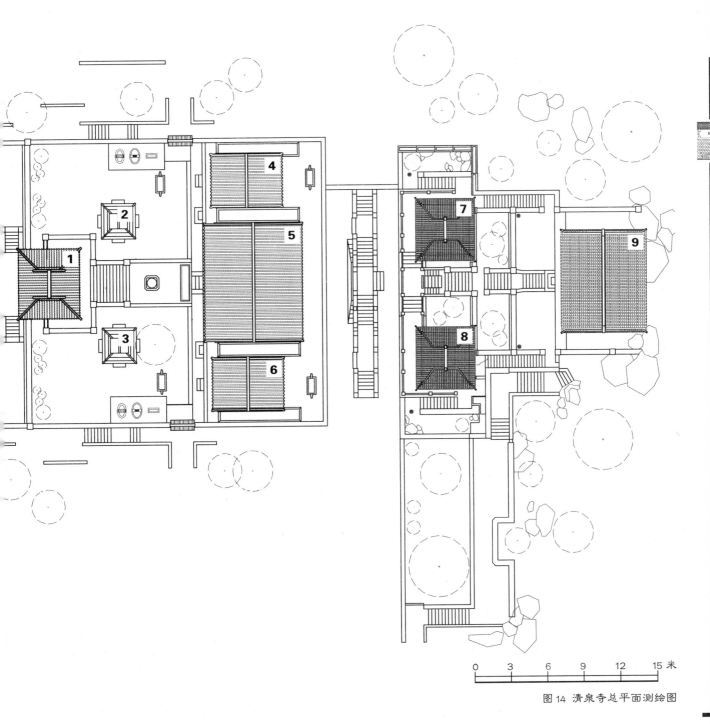

0　　3　　6　　9　　12　　15 米

图 14 清泉寺总平面测绘图

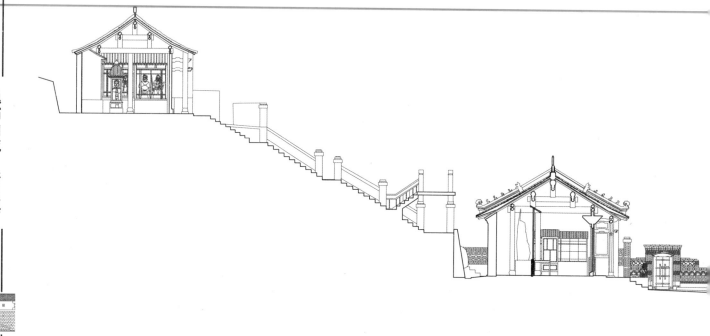

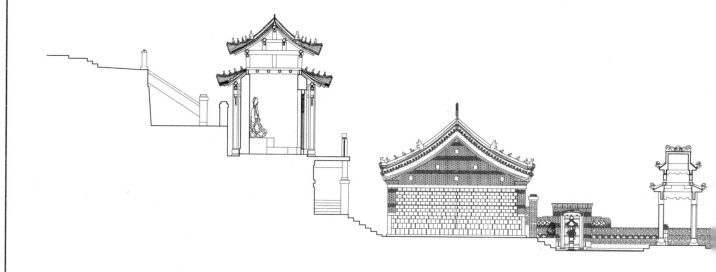

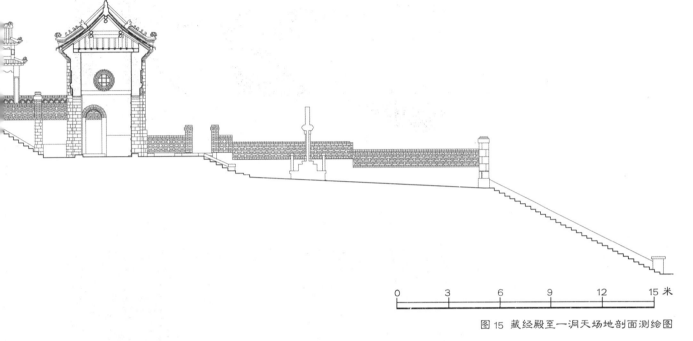

0   3   6   9   12   15 米

图 15 藏经殿至一洞天场地剖面测绘图

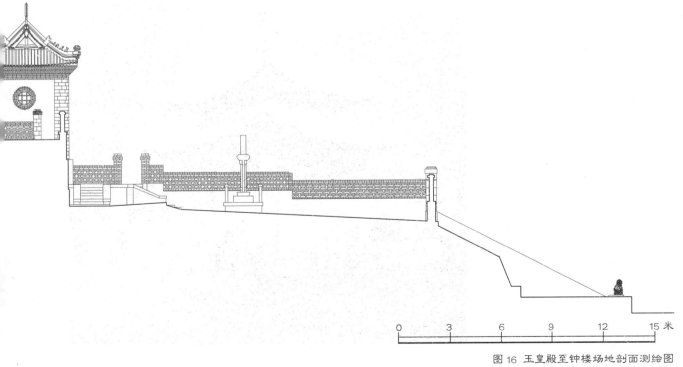

0   3   6   9   12   15 米

图 16 玉皇殿至钟楼场地剖面测绘图

石阶，石阶下端两侧有一对小巧的石狮。清泉寺没有寺庙常见的门楼式山门，沿石阶拾级而上，是寺前的一处院落（图17）。院中树有两根红色幡杆，左侧建有两排僧尼起居禅坐的静室。右侧有泉水顺山巅绕寺院而流入山涧，院中有一口曾经清洌甘甜的古井，惜现已干涸，井旁建有一四角攒尖顶方亭，名为"清泉凉亭"（图18）。环绕寺前有一菜园，为僧尼诵经打坐之余的耕耘之所。寺院前方下临幽谷，外墙由砖石构筑，百余石阶直达谷底，使寺院与山城互为映衬。院落的内侧正前方可见一面汉白玉影壁，影壁之后便是清泉寺高大的仪门。

图 17 从清泉寺侧广场看向侧入口垂花门

图 18 从清泉寺前广场看向四角攒尖"清泉凉亭"

仪门的门楼面阔一间（图19、图20），灰筒瓦歇山顶，花岗岩方砖砌成，下开一无梁券门，门楣上呈扇形阴刻"一洞天"三个遒劲的朱红楷书大字（图21），道教有"三十六洞天，七十二福地"之谓，乃道教神仙都居住的地方，故各以天名，称之为"洞天"。"洞天"后来也成了宫观的代名词。在清泉寺仪门上书"一洞天"，仪门背面的门额上书"万世佛"三个大字，由此可以看出佛道两教的融合，意在引导人们由此处进入，远离红尘俗世，步入禅门净土。

门洞内部两侧上镌刻"明齐日月，星合乾坤"楹联，门洞内部正上方悬有一黑底金字匾额，上书"道义之门"四个大字（图22）。匾额下方为蓝色门扉，门上为彩绘清泉寺全景，画风素雅脱俗。相比寺内其他建筑，清泉寺仪门虽然剖面构造简单（图23），但造型高大雄伟，其檐脊雕饰也更为精美，这是典型的关外佛寺建筑特征。

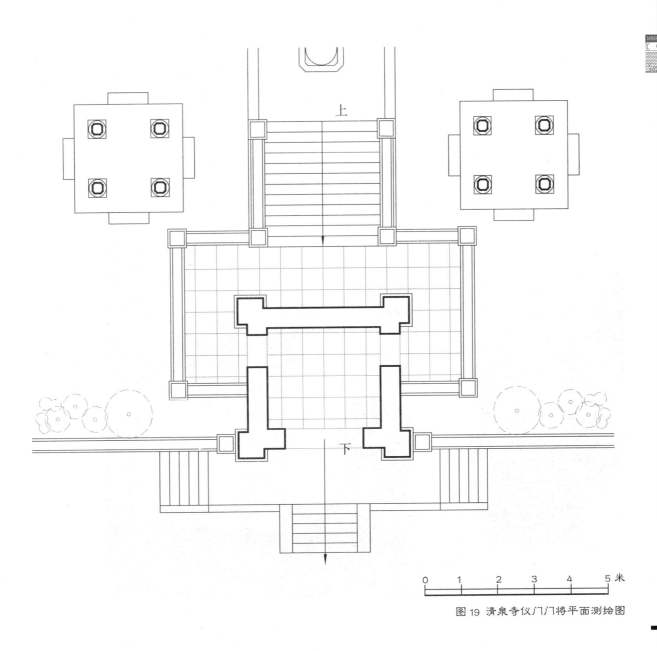

0 1 2 3 4 5 米

图19 清泉寺仪门门将平面测绘图

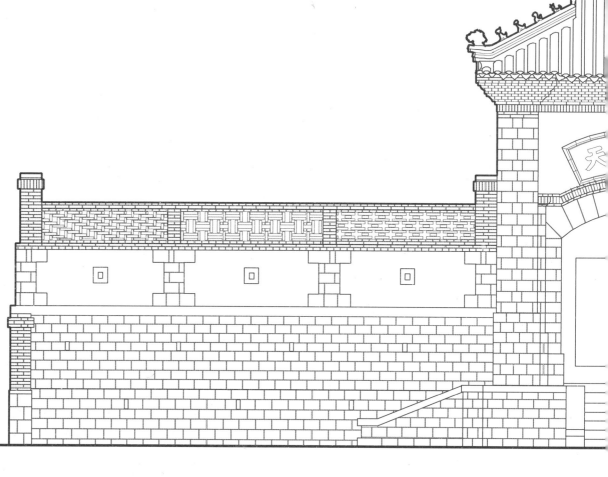

图 21 清泉寺前广场眺望仪门一洞天

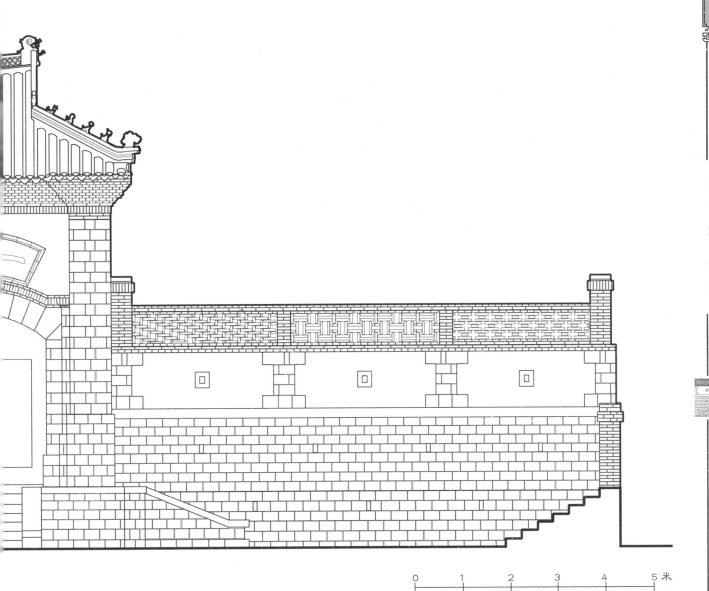

图 20 清泉寺仪门门楼东立面测绘图

图 22 清泉寺仪门门楼道义之门门匾

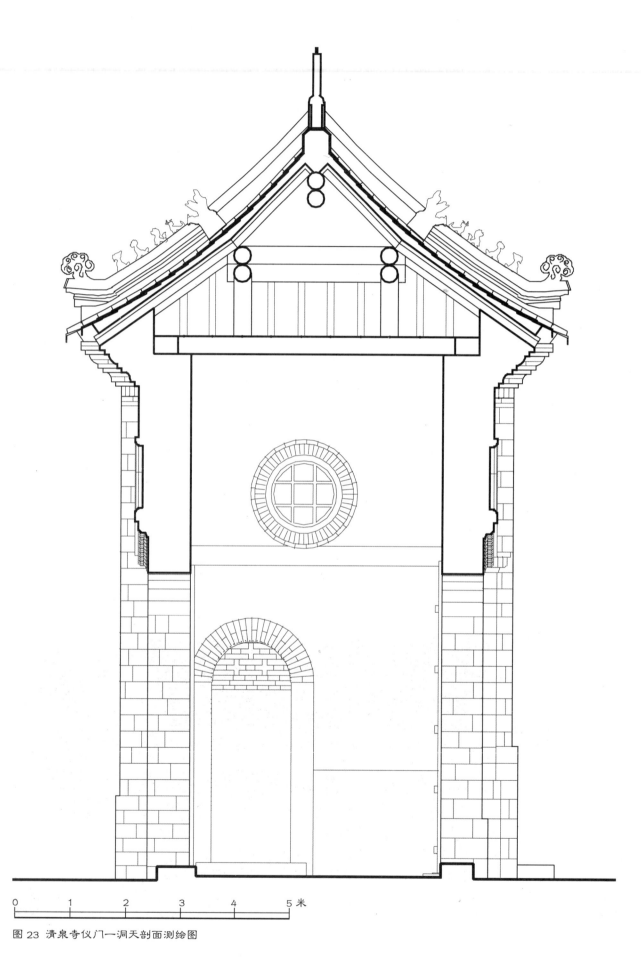

0   1   2   3   4   5 米

图 23 清泉寺仪门—洞天剖面测绘图

清泉寺为佛、儒、道三教一体的综合性宗教建筑。三道石阶连接前中后三重大殿，殿阁之间，绿树浓荫，曲径通幽，错落有致。

第一层平台上并排建有三座大殿，正中为大雄宝殿，供奉的是佛祖释迦牟尼、观音菩萨、十八罗汉、地藏王菩萨等。左配殿为伽蓝殿，供奉的是关帝、孚佑帝君、马天君、柳天君等。

右配殿为药王殿，供奉龙王、药王及扁鹊、华佗、张仲景、李时珍等八大名医（图24～图29、附图1）。

建筑以两坡顶的硬山顶为主，随各部分体量大小变化，形成高低、宽窄和朝向上的区别。三座大殿并列在一起，两配殿与主殿之间各有一条狭窄过道通往后殿，亦属于辽南寺庙风格，增强了整体的庄重感。

图24 从清泉寺第一进院落看向伽蓝殿

图25 从清泉寺第一进院落看向药王殿

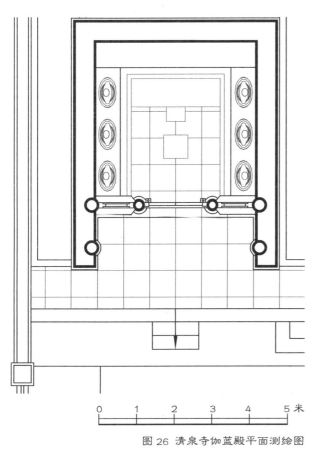

图26 清泉寺伽蓝殿平面测绘图

图27 清泉寺药王殿平面测绘图

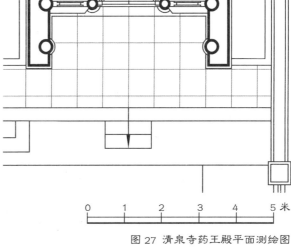

0   0.5   1   1.5   2   2.5 米

图 28 清泉寺伽蓝殿东立面测绘图

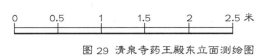

图 29 清泉寺药王殿东立面测绘图

清泉寺整体规模成型于明万历年间，属明中后期的建筑遗存。明嘉靖年间至清末民初，此三百年间，传统大木技术的突出特点为崇尚奢华。装饰技巧充分发展，艺术手法渐趋繁缛。技术上较大的突破表现为出现了举架之法。大雄宝殿为该建筑群前殿的主殿也具有以上特点（图 30）。

通过测绘（图 31～图 33）可见，大雄宝殿面阔三间，进深两间，通面阔为 10.46 米，通进深为 7.6 米，平面比例为 1.3：1，为明代建筑常用比例。左右配殿面阔三间，进深两间，通面阔为 4.79 米，通进深为 5.63 米，平面比例为 1：1.17。明代建筑中，平面比例的变化常常较大。造成这一现象的原因是，在建筑群中，正殿在面阔的开间数甚至开间大小常与后殿取一致，但为了凸显其重要性，故变化其比例。

图 30 清泉寺第一进院落看向大雄宝殿

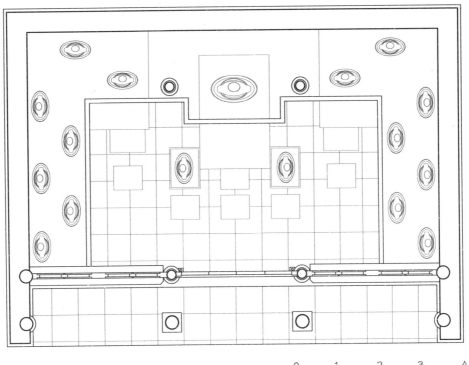

图 31 清泉寺大雄宝殿平面测绘图

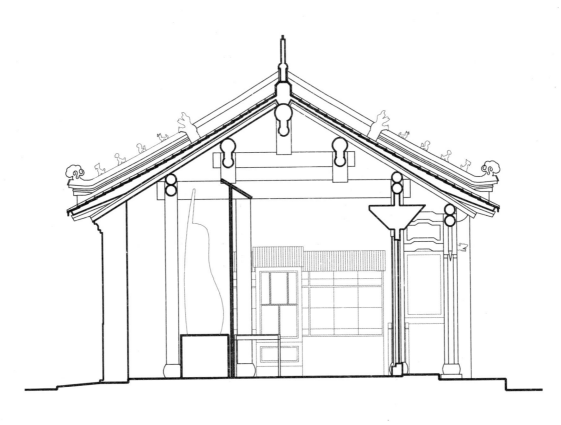

图 32 清泉寺大雄宝殿剖面测绘图

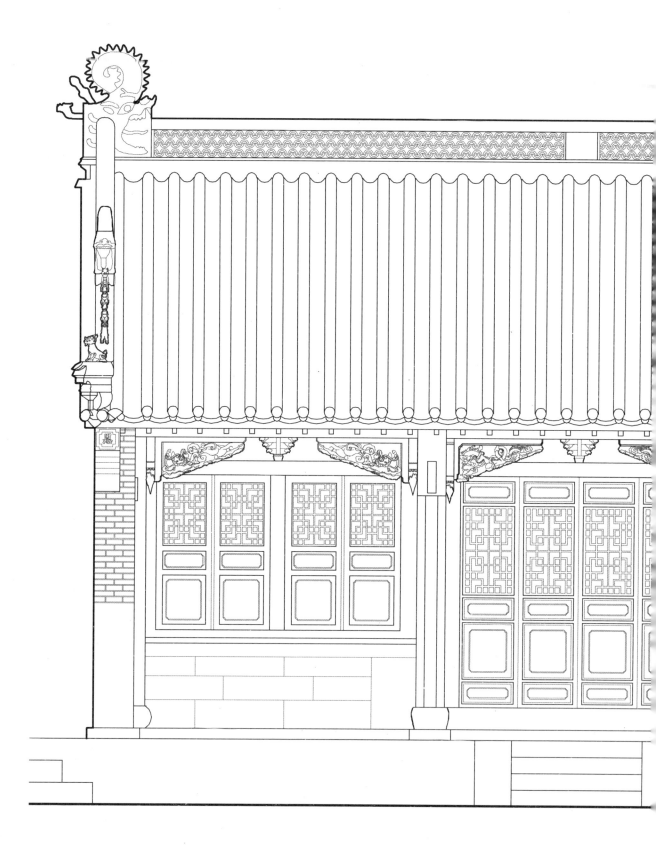

图 33 清泉寺大雄宝殿东立面测绘图

大殿平面柱网布局较为规整，尺寸递减相同。大殿外部造型简洁美观，灰瓦灰墙使建筑显得古色古香；山墙直砌到顶，与两面坡的屋顶相交，把屋顶木框架的檩子封包在墙内侧。

从清泉寺的渲染图中（图34），我们可看出，大雄宝殿的举高约在1/3.1。据相关文献资料，举高在明代有明显加大的趋势，基本集中在1/1.32~1/2.7。这种由缓变陡的趋势，表明明代审美趣味重点由铺作层逐步转向屋盖的过程。大殿的剖面属于明代的厅堂式构架，具体为七檩、六步架前后出廊形式。平面形式为两进、三列柱，整体平面布置较为自由。

清泉寺大雄宝殿剖面中，各步架的举高，基本符合自檐檩起，三五举、五举、七举的规律。将其与宋制相比对可发现，各步架之间的比值为整数值，而整个屋面的高跨比却并非为整数比值。而且，建筑在折屋投影上显然不同于宋制的圆转曲线，而是在某个檩缝处有明显的折点，整个折屋曲线呈现出若干段折线段。

图 34 清泉寺大雄宝殿东立面彩色渲染图

由过道进入第二进院落，步上石阶，为第二层平台，建有两座大殿。左侧为玉皇殿(图35)，供奉玉皇大帝、文昌大帝、真武大帝等。右侧为老君殿，供奉太上老君、周公、孔子等。通过测绘，这两栋建筑形制基本相同（图36～图42）

图 35 清泉寺寺外远眺玉皇殿

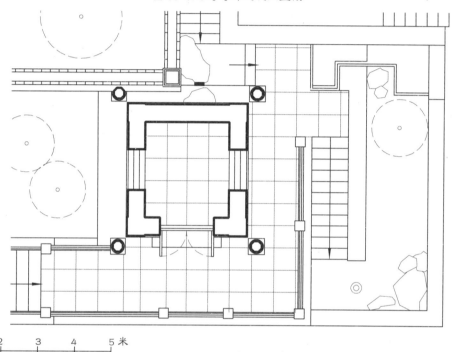

0　1　2　3　4　5 米

图 36 清泉寺老君殿平面测绘图

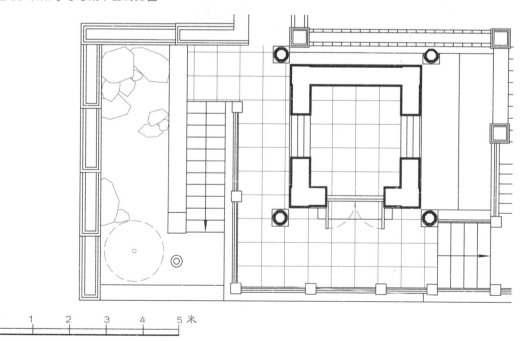

0　1　2　3　4　5 米

图 37 清泉寺玉皇殿平面测绘图

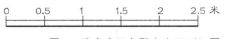

图 38 清泉寺玉皇殿东立面测绘图

图 39 清泉寺玉皇殿南立面测绘图

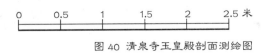

0   0.5   1   1.5   2   2.5 米

图 40 清泉寺玉皇殿剖面测绘图

图 41 清泉寺玉皇殿东立面彩色渲染图

图 42 清泉寺玉皇殿南立面彩色渲染图

最后一进院落的平台上只建有一座娘娘殿（图43、图44），供奉王母娘娘、赵公明、提婆等。娘娘殿测绘图见图45～图47。庙宇周围系多年生乔木和灌木，野花野草，飘逸着淡淡的香气。每年四月庙会期间，草木繁茂，山花烂漫，千年古刹掩映于烟雾缭绕之中，别有一番缥缈古朴之感（图48）。

图43 从清泉寺第三进院落看向娘娘殿

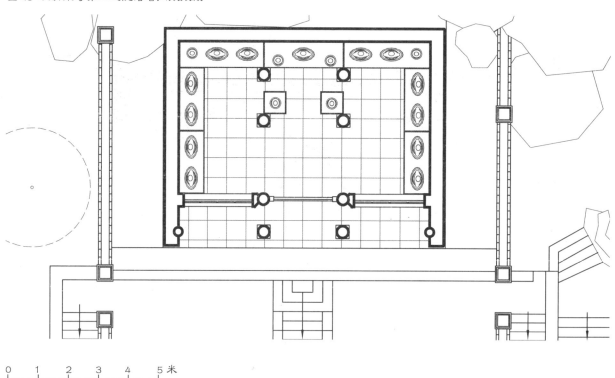

0　1　2　3　4　5米

图44 清泉寺娘娘殿平面测绘图

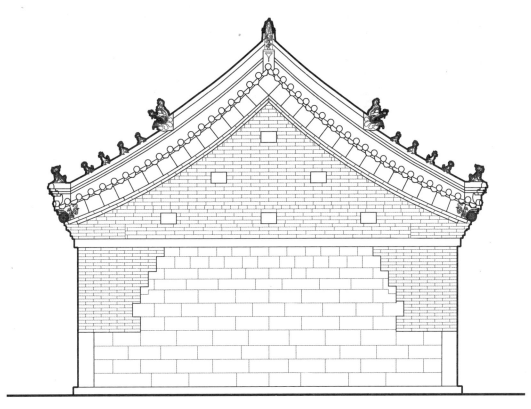

0　0.5　1　1.5　2　2.5 米

图 45 清泉寺娘娘殿南立面测绘图

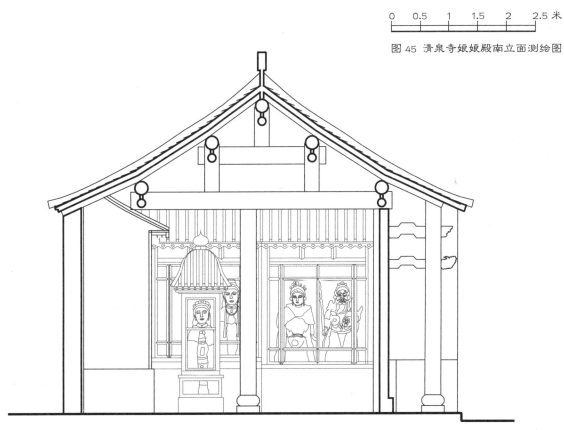

0　0.5　1　1.5　2　2.5 米

图 46 清泉寺娘娘殿剖面测绘图

图 47 清泉寺娘娘殿东立面测绘图

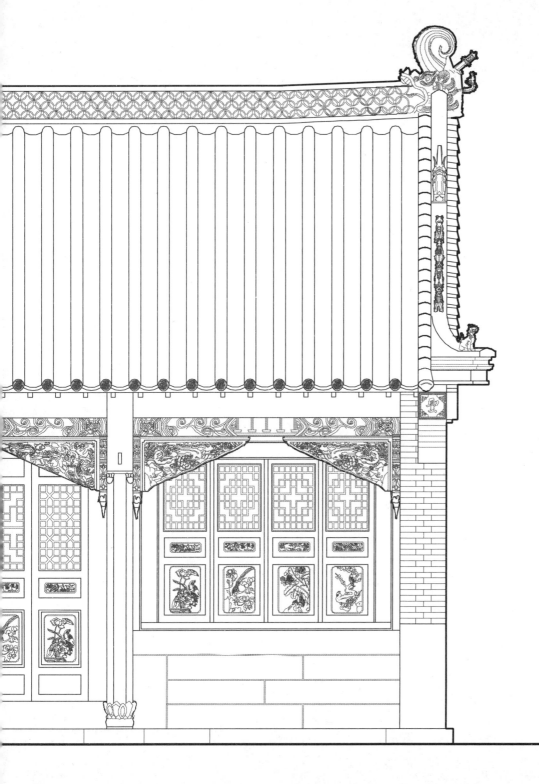

图 48 从清泉寺第三进院落前阶梯看向娘娘殿

屋顶等级低的明代寺庙

山墙，顾名思义，指建筑物屋顶下的墙体形状如山。除了平顶、攒尖顶、囤顶及盝顶之外，中国传统的屋顶如歇山、悬山、硬山及卷棚顶，多可见到侧面三角形山墙，它的作用除了承受屋顶的重量外，又因造型醒目而自然成为表现建筑个性的形式符号。清泉寺的主要建筑多为硬山屋顶，故为人字形山墙（图49）。

了解一座中国古建筑，首先要看它的屋顶。清泉寺内，仪门、大雄宝殿、药王殿、伽蓝殿及娘娘殿均为硬山顶（图50）；老君殿及玉皇殿则采用歇山顶（图51），屋顶造型均古朴厚重，与整个寺院风格十分契合。

硬山屋顶是一种两面坡的屋顶形式。前后两面斜坡，在屋顶正中最高处相交成脊，是屋顶中等级最低，同时也是最为常见的形式。

图 49 清泉寺药王殿、大雄宝殿人字形山墙

图 50 清泉寺仪门歇山式屋顶

图 51 清泉寺老君殿重檐歇山式屋顶

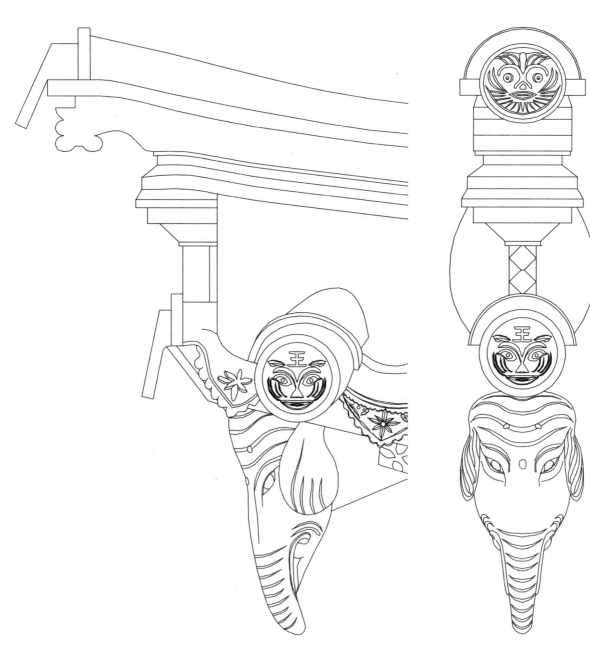

正殿屋檐出挑部分可见一红色长条木，叫作望板，其作用是以承托屋面的苫背和瓦件。望板下是密密排列的短条木，被称为椽子，椽子垂直安放在檩木之上，随着屋面的坡度而铺设，其作用亦是承托屋面瓦作。

清泉寺内建筑的椽子和望板皆漆为朱红色。在大雄宝殿的正立面中，我们可以看到椽子外端的横断面，即椽头，每层上面绘有不同的彩绘图案，上层椽头上绘有绿底白纹菱花，中层为蓝底白纹菱花，下层则绘有滴水宝珠。滴水宝珠又称龙眼宝珠，蓝、绿、白、红各色圈层层相套，以圆顶为公切点。屋檐四角的角梁外端都装有一个造型精美的木制白象头装饰（图52～图55）。象有大力，表示身能负荷；无有烦恼杂染，因而为白色。

椽子和望板，以及彩绘，使单调平淡的檐底增加立体感和视觉美。

图 52 清泉寺象鼻滴水侧立面测绘图

图 53 清泉寺象鼻滴水正立面测绘图

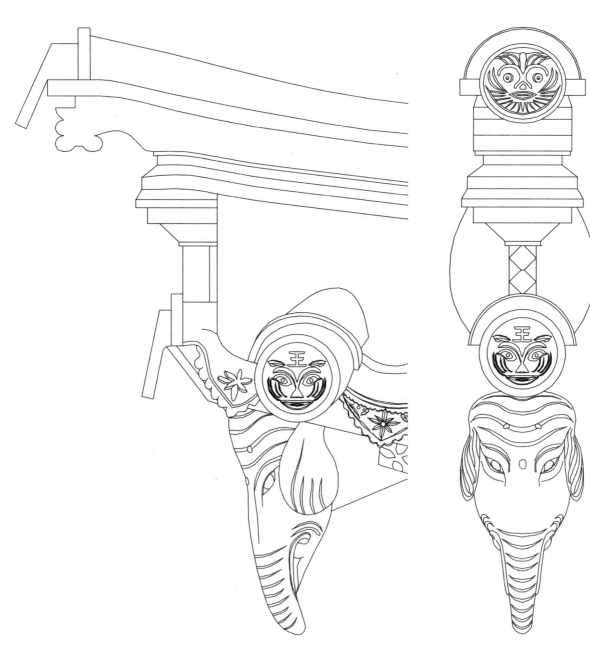

图 54 清泉寺玉皇殿椽子望板特写

图 55 清泉寺老君殿白象头装饰特写

图 56 清泉寺瓦当滴水测绘图之二

在正殿屋顶檐口处的筒瓦一端有一块雕有纹饰的圆形构件，这就是瓦当（图56～图58）。它不仅能保护房屋椽子免受风雨侵蚀，又能起美化屋檐的装饰功能。所谓"秦砖汉瓦"，指的就是秦汉时期以瓦当为代表的建筑装饰艺术。瓦当上的纹饰每个时代各有不同，能够反映出当时的审美取向和艺术成就，比较常见的纹饰题材有四神、翼虎、鸟兽、昆虫、植物、云纹、文字及云与字、云与动物等。

图 57 清泉寺瓦当滴水测绘图之三

清泉寺大雄宝殿的瓦当多饰有"王"字兽面纹和人面纹。以人面纹瓦当为例，瓦当中的人脸，双目圆睁而凸出，浓眉虬结，鼻翼怒张，胡须卷曲而上翘，龇牙咧嘴，甚是狰狞，人脸的外围都刻有一圈光环，看起来颇有神秘色彩。

在两个瓦当之间，有一个近似三角形的构件，称为滴水（图59），顾名思义其主要作用就是使屋面上的水从此处流下。关帝庙正殿的滴水上刻有莲花纹，线条流畅圆润，构图生动（图60）。

图 58 清泉寺瓦当滴水测绘图之四

瓦当和滴水的大小不过方寸，造型却如此丰富，用于檐口，不仅可以遮朽，而且具有很好的装饰效果，集实用、美观于一身，富有深刻的文化内涵。虽然清泉寺殿宇屋顶的等级稍低，但屋面依然使用规整舒展的筒瓦和形态灵动、纹饰精美的滴水。由此可知，明代的清泉寺在辽南地区具有极高的地位。

图 59 清泉寺瓦当滴水测绘图之一

图 60 清泉寺瓦当滴水特写

巍霸山城·清泉寺·

59

仰望大雄宝殿的屋脊，最显眼的是两侧各有一个背插宝剑、张口吞脊、尾部卷曲的兽雕，还有数个造型生动、活泼可爱的小兽端坐檐角。它们就是传统建筑中的脊兽。脊兽按其口的朝向，可分为两类：一类，口向上，或张嘴或闭嘴，叫作垂兽、望兽、蹲兽；另一类，口向下，呈含脊状，称为螭吻（图61～图73）。

螭吻，又名鸱尾、鸱吻，一般被认为是龙的第九子。喜欢东张西望，故被安排在建筑物的屋脊上，做张口吞脊状，并有一剑以固定之。相传，这把宝剑是西晋道士许逊的剑。鸱吻背上插剑有两个目的。一个是防鸱吻逃跑，取其永远喷水镇火的意思；另一传说是那些妖魔鬼怪最怕许逊这把扇形剑，这里取避邪的用意。

与一般佛寺建筑相比，清泉寺各殿的鸱尾更加卷曲，且无彩绘，给人一种粗犷厚重之感。这也是典型关外佛寺建筑的特征。

大雄宝殿和仪门垂脊上排头的兽件并非是常规的"仙人骑凤"，前面为龙，后面是一朵祥云，这是比较少见的。在大雄宝殿的垂脊上，总共五只小兽，从下至上分别为龙、狮子、海马、狻猊、斗牛，皆为象征着正义和吉祥的神兽。

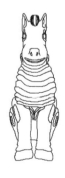

图 61 清泉寺垂脊脊兽测绘图

图 62 清泉寺垂脊脊兽特写

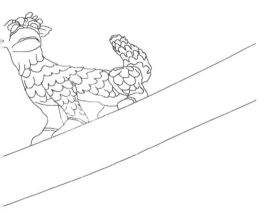

图 63 海马兽特写　　　　　　　　　　图 64 天马兽特写

图 65 狻猊兽特写　　　　　　　　　　图 66 龙兽特写

为何在屋脊上装饰脊兽？其实这样做不仅仅是为了美观，脊兽还有很强的实用性。起初，由于垂脊顶部的筒瓦，个个叠摞上去的，工匠须用铁钉将筒瓦与其下部的构件相连，钉帽就会裸露在筒瓦上面。脊兽由瓦制成，其功能最初就是为了保护木栓和铁钉，防止漏水和生锈，对脊的连接部起固定和支撑作用。古代的宫殿多为木质结构，易燃，脊兽多为传说能喷水避火的小动物。

大雄宝殿正吻总高约 1.02 米，约为檐柱高的 1/10，东西宽约 0.96 米。整个建筑中，建筑体量较为精简。硬山式顶的等级不高，但正脊与正吻的式样却极为讲究，上面的若干脊兽，为大殿增添了美感，使其看起来更加雄伟壮观，富丽堂皇，充满艺术魅力。

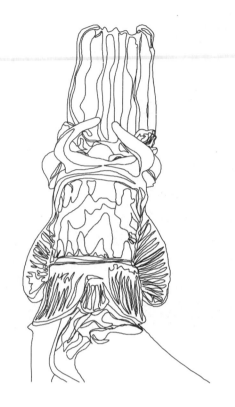

图 67 清泉寺螭吻正立面测绘图

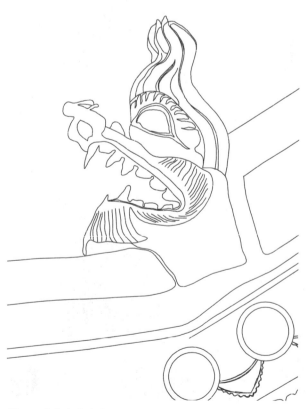

图 68 清泉寺垂脊垂兽侧立面测绘图

图 69 清泉寺螭吻侧立面测绘图之一

图 70 清泉寺螭吻侧立面测绘图之二

图 71 清泉寺螭吻特写

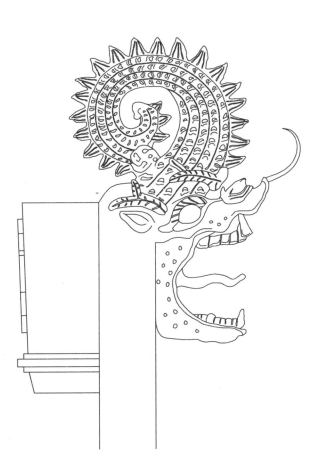

图 72 清泉寺螭吻侧立面测绘图之三

图 73 清泉寺仪门一洞天飞檐特写

在清泉寺的大雄宝殿的屋面上，可以看到一排排瓦垄自上而下，颇富律动感。根据屋架的举折，屋面从正脊至檐沿，并不是一直呈曲线延伸，而是近脊处较陡，近檐处较缓。清泉寺大雄宝殿测绘大样见图74。因此，一般屋面近脊处瓦的搭接较多，近檐处瓦的搭接较少（图75）。从而避免近脊处瓦向下沉移而造成漏雨的可能性。从屋面的做法来讲，大雄宝殿应用了筒瓦屋面（即用弧形片状的板瓦作为底瓦，半圆形的筒瓦作为盖瓦而做的屋面）。筒瓦屋面多用于宫殿、庙宇、王府等大式建筑中，小式建筑中也有少量应用，但尺度有严格的限定。清泉寺内各殿屋脊瓦件装饰一致，均为常见的筒瓦套钱样式，筒瓦之间环环相扣，正反叠加。屋脊正中为一方形浮雕，刻有五朵祥云绕日图案。整个屋脊装饰显得简洁素雅（图76、图77）。

图74 清泉寺大雄宝殿测绘大样图

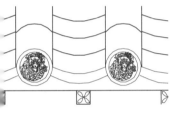

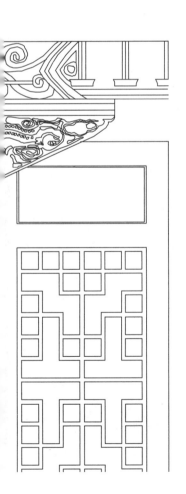

图 75 清泉寺屋脊瓦件装饰特写

图 76 清泉寺屋脊浮雕特写

图 77 清泉寺屋脊瓦作装饰特写

明中后期的抬梁式木构

据史料记载和清泉寺现场踏勘，我们发现，明构中榫卯构造和种类很多，同样的结构，亦可以做出不同的榫卯连接。如在柱梁、额枋相交时，五架梁头常做出如意形木雕构件遮掩，以显示出精致的工艺；多构件相连时，常做出高低榫与丁头拱巧妙结合，以降低断面的剪力问题（图78～图80）。明代屋顶通常的剖面构成，主要包括屋顶举高的大小和折屋曲线的特点。此二者依据建筑的不同类型、规模及等级呈现出不同的特征。据推测，清泉寺的建造年代，大约在明代中后期，即屋顶定高以举架之法逐渐代替举折之法的时候。因此，对于清泉寺的分析中，应当更多从类似清代的举架之法入手。

图 78　清泉寺室内梁架之一

图 79　清泉寺室内梁架之二

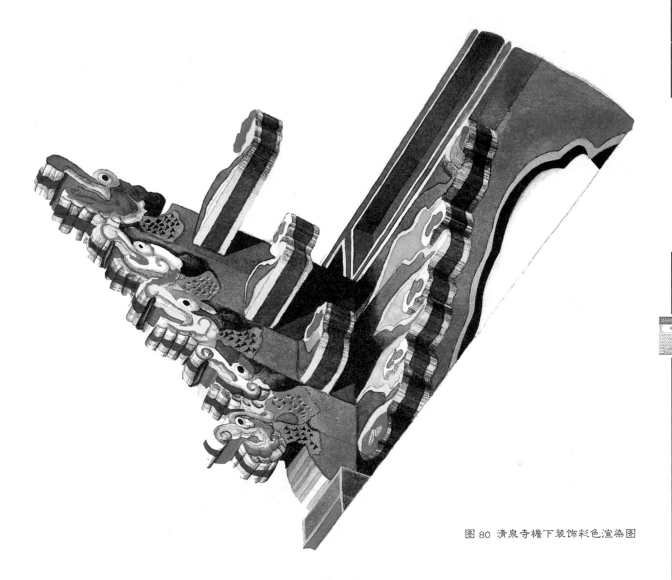

图 80 清泉寺檐下装饰彩色渲染图

　　从大木构架的形制，以及梁栿形状、斗拱特点方面分析，清泉寺应归属于直梁型抬梁式北方木构。从清泉寺中殿的歇山顶可看出，在明中后期，已出现类似于清代定式的老、仔角梁合抱金檩的做法。然而相比清官式的定制，这种做法更多沿袭了元代旧制，即以抹角梁为老角梁后尾的搁置支点。除此之外，还有其他几点差异。如仔角梁断面常小于老角梁，此为宋元时期梁架做法遗风，仔角梁平飞头并非水平，也并不上翘，而是沿着大角梁倾角微微上翘，此为宋仔角梁卷杀之制的痕迹。

额枋，又称檐枋（宋称阑额），是中国传统建筑中的一种构件，是连接檐柱与檐柱的横木，断面一般为矩形。有些额枋是上下两层重叠的，在上的称为大额枋，在下的称为小额枋（图81～图86）。清泉寺的大额枋的枋心上为金色双龙戏珠或双凤朝阳彩绘，藻头上为旋子彩画，小额枋上绘有蓝色连环"卍"字纹或卷草纹，营造出一种古朴而精致的韵味。

图 81 清泉寺大雄宝殿檐下额枋

图 82 清泉寺大雄宝殿月牙梁及六角石柱

图 83 清泉寺娘娘殿额枋测绘图之一

图 84 清泉寺娘娘殿额枋测绘图之二

图 85　清泉寺大雄宝殿额枋测绘图之一

图 86　清泉寺大雄宝殿额枋测绘图之二

在大雄宝殿的柱枋之间，可见一造型华丽精巧的不规则三角形木制镂雕构件——雀替（图87～图90）。雀替是中国古建筑中最具特色的构件之一，其作用是缩短梁枋的净跨度从而增强梁枋的乘载力，减少梁与柱相接处的向下剪力；防止横竖构材间角度的倾斜。后来雀替的装饰作用大大增强，皆精雕细琢，绚丽无比。雀替以玲珑精巧，题材多样，内容丰富，构图缜密，雕刻精美，栩栩如生，为大殿增色不少。

图 87 清泉寺月舞云霄雀替

图 88 清泉寺龙踏祥云雀替

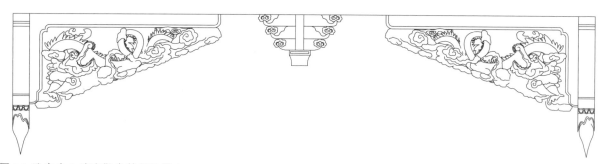

图 89 清泉寺大雄宝殿雀替测绘图之一

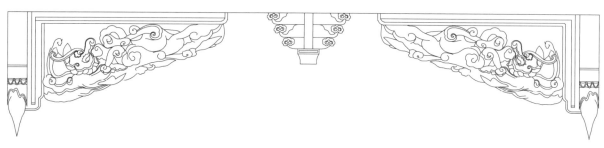

图 90 清泉寺大雄宝殿雀替测绘图之二

大雄宝殿的雀替上除常见的龙踏祥云（图91）、凤舞云霄镂雕以外，还有麒麟吐玉书镂图案（图92）。传说孔子降生的当晚，麒麟落于孔宅，并吐玉书，上有"水精之子孙，衰周而素五，徵在贤明"字样，昭告众人这个孩子并非凡人，乃自然造化之子孙，虽未居帝王之位，却有帝王之德，堪称"素王"。后世把"麒麟吐玉书"作为吉祥的象征，有杰出之人降生的寓意，也有旺文之意。

图 91 清泉寺龙踏祥云雀替彩色渲染图

图 92 清泉寺麒麟吐玉书雀替彩色渲染图

一体成型的石制六角柱

台基犹如一座建筑的脚。宋辽时期的佛塔广泛采用须弥座。至明清时期，须弥座台基则成为宫殿及重要建筑的标准设计，不但施用于殿堂，亦见于照壁、城墙。清泉寺前三殿共用同一台基（图 93）。台基样式为普通基座，基座不高，四级踏步，无月台。台基构造古典，表面用石砌错缝，边缘与院墙相接，无角柱。大雄宝殿采用垂带踏道，殿宇之间采用如意踏道。台基最下层突出延伸，形成了最下层踏步，整体性地处理了台基侧面与地面交接处构造。

柱础的主要功能是将柱子所承载的房屋的重量传递到地面，以及隔绝土地中的潮气，以免侵蚀木柱。柱础的直径多为"其方倍柱之径"。在柱子和柱础石的连接中，有较多不同的形式，较为常见的是覆盆式。清泉寺大雄宝殿正立面两边的柱子嵌入墙中，柱础为简化的覆盆式，饰有莲瓣纹样。值得一提的是，传统建筑柱子一般为木制圆柱，柱础为石制，而清泉寺大雄宝殿正立面中间两根柱子为六角柱，柱子和柱础皆为石制，且一体成型，比较少见（图 94）。清泉寺入口台阶石屏见图 95。从清泉寺第一进院落看向寺外见图 96。

图 93 清泉寺药王殿、大雄宝殿间台基

图 94 清泉寺大雄宝殿六角石柱

图 95 清泉寺入口台阶石屏

图 96 清泉寺第一进院落看向寺外

充满古典韵味的隔扇门

大雄宝殿只有正立面带前廊并设有门窗，两山与背立面皆做实墙。门窗构件皆为清末民初修缮补装。正立面明间，做有四扇隔扇门，左右两间分别做有四扇槛窗。

各殿的隔扇门主要由棂花、裙板及绦环板几部分组成，大殿隔扇窗和槛窗上的棂花为套方样式。套方样式的棂花图案内有四方形、十字、八角等图案，含有的吉祥寓意。老君殿和娘娘殿隔扇窗门上的棂花（图 97 ～图 100）象征平安、长寿。

作为建筑的重要组成部分，隔扇门不仅有着功能上的作用，也是古代建筑艺术价值和人文内涵的直观体现，因此也成为建筑装饰的重要构件。隔扇的形制、尺度、色彩等都可以展现建筑的性格，或庄重严肃或充满活力。

图 97 清泉寺娘娘殿隔扇窗

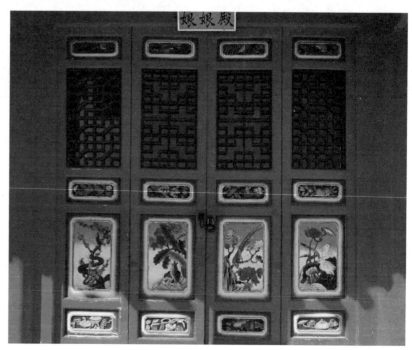

图 98 清泉寺娘娘殿隔扇门

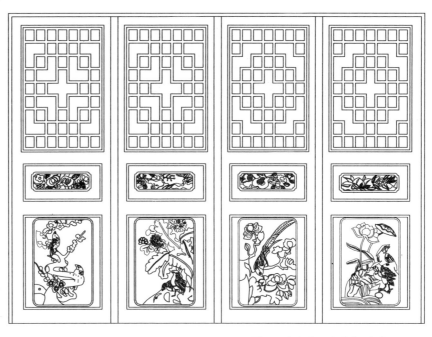

图 99 清泉寺娘娘殿隔扇窗测绘图

图 100 清泉寺娘娘殿隔扇门测绘图

传统建筑装饰中色彩的运用

　　大雄宝殿中应用了宗教建筑中较为常见的旋子彩画。旋花，又称旋子，是旋涡状的花瓣组成的几何图形。旋花以"一整二破"为基础，枋心构图，主要用于藻头部位。彩画题材中也应用了二十四孝图等传统神话故事。

　　大殿梁枋上的彩画，采用了墨线点金、雅伍墨等做法，并在元代灰色彩画的基础上，一律采用叠晕做法（图101）。其主要的艺术特色为，构图繁简适度，图案装饰意味浓重，旋花纹样丰满圆润，线条流畅，色彩以青绿为主，间以少许朱红、青、绿、黄、朱等色交替使用；以黑、白为分界线等。斗拱上和檐下（图102～图103），通常施以墨边青绿叠晕的彩画（图104）。整体基调和谐清雅，呈现出传统建筑装饰中运用色彩的高度艺术成就，代表了彩画发展的高峰时期。

图101 清泉寺大雄宝殿内梁枋彩画

图 102 清泉寺娘娘殿檐下彩绘

图 103 清泉寺大雄宝殿外檐彩绘

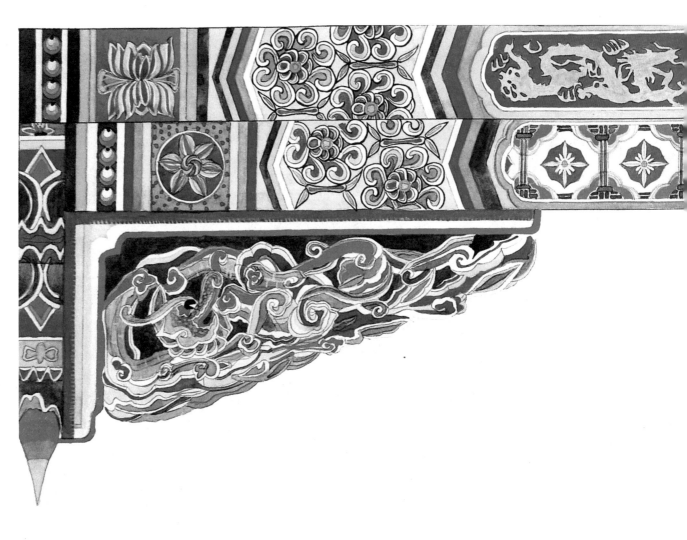

图104 清泉寺娘娘殿外檐彩绘彩色渲染图

各殿隔扇中彩画的内容并非单一题材，大多是几种题材的组合，如花鸟与山水、神兽与云霞、吉祥图案等，体现自然和谐天人合一的境界（图105～图112）。其中大雄宝殿的涤环板绘有祥云、葡萄等吉祥图案，娘娘殿涤环板则绘有佛家八宝，如法螺、宝伞、莲花、宝瓶等（图113～图120）。这些彩画色彩艳丽，画工精湛。

这些彩画内容多会选择具有特定代表意义的形象，如喜鹊与梅花有喜上眉梢之意。鹿的性情温顺，又与"禄"字同音，荷花意为清白高洁，菊花则寓意淡泊无争。

门窗上的棂花及裙板、涤环板上的彩绘，打破了大殿四周实墙造成的沉闷气氛，使整个建筑显得空灵雅致，充满古典韵味。

图105 清泉寺隔扇门彩绘测绘图之一　　　　图106 清泉寺隔扇门彩绘测绘图之二

图 107　清泉寺隔扇门彩绘测绘图之三　　　　　　　图 108　清泉寺隔扇门彩绘测绘图之四

图 109　清泉寺隔扇门彩绘彩色渲染图之一　　　　图 110　清泉寺隔扇门彩绘彩色渲染图之二

图 111 清泉寺隔扇门彩绘彩色渲染图之三   图 112 清泉寺隔扇门彩绘彩色渲染图之四

图 113 清泉寺隔扇门中部彩绘测绘图之一

图 114 清泉寺隔扇门中部彩绘测绘图之二

图 115 清泉寺隔扇门中部彩绘测绘图之三

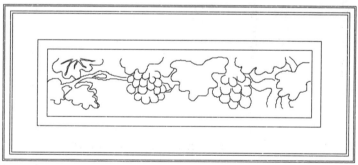

图 116 清泉寺隔扇门中部彩绘测绘图之四

图 117 清泉寺隔扇门下部彩绘测绘图之一

图 118 清泉寺隔扇门下部彩绘测绘图之二

图 119 清泉寺隔扇门下部彩绘测绘图之三

图 120 清泉寺隔扇门下部彩绘测绘图之四

外檐下墙上绘有彩绘壁画，主题多为神话故事，线条流畅，颜色艳丽如新，人物造型独特。壁画带有明清时代风格（图121、图122），一般有两种可能，一是壁画原作色彩脱落，后人重新着色描摹，另外可能是依照明清画作描绘加彩，但仍是七十多年前旧作。

这些彩绘色彩斑斓，线条流畅，林林总总，在灰瓦灰墙的整体建筑风格下显得格外明媚耀眼。前有古树后有山色，透过垂花门看向建筑（图123），使清泉寺有一种幽静典雅的魅力。

图121 清泉寺殿外檐下壁画之一

图122 清泉寺殿外檐下壁画之二

图 123 从清泉寺寺外眺望侧院垂花门

精美的细部构件

来到清泉寺正殿院落中，可见一面汉白玉石屏，名为雪映屏，前后刻有六十六首诗作。其中前面三十三首赞巍霸山一幅幅鸟语花香，山明水秀，神笔难绘的绝妙图景，后面三十三首颂寺中所奉祀诸神之功德及声威。笔法圆润俊秀，刻工精湛。石屏两侧石柱刻有仙鹤展翅，上檐刻有凤舞云海，这些浮雕线条明晰，妙趣横生（图124、图125）。

图124 清泉寺汉白玉石屏细节之一　　图125 清泉寺汉白玉石屏细节之二

仪门前的影壁也是一面汉白玉石屏（图126、图127）。此屏建于民国年间，首檐上面和石柱两侧雕刻的是九龙戏珠，屏上刻有百首诗词。整个石屏纹理细腻，古朴典雅。斑驳的石屏诉说着古寺所历经的风雨沧桑。

图 126 清泉寺汉白玉石屏细节之三

图 127 清泉寺仪门一洞天外石屏

清泉寺汉白玉石屏正立面

测绘图见图 128、图 129。

图 128 清泉寺汉白玉石屏正立面测绘图

图 129 清泉寺汉白玉石屏背立面测绘图

清泉寺万世佛香炉见图130。院前殿中央有一双耳铜皮铸成的香炉，乃1937年日本京都西本愿寺所铸，后赠予清泉寺（图131）。双耳上刻有常见的回字纹；炉身呈长方，正中刻有"清泉禅寺"四字，四周为双龙戏珠图案，器形厚重大方；四条二弯腿，肩饰兽头，兽足为足，雕刻饱满有力，造型稳重。

前殿两旁分别建有钟楼和鼓楼（图132～图136）。钟鼓楼为重檐歇山四角石亭式，通体花岗岩所制，古朴厚重，调大脊吻垂戗兽。亭为方形，四根柱，柱身刻有楹联。

图 130 清泉寺万世佛香炉

图 131 清泉寺大雄宝殿前香炉

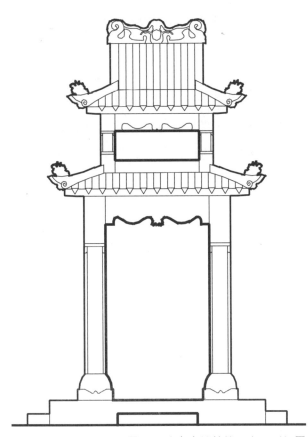

图 132 清泉寺钟鼓楼正立面测绘图

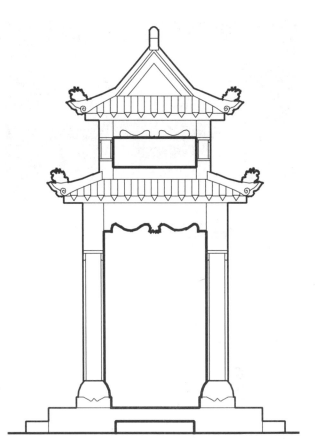

图 133 清泉寺钟鼓楼正立面测绘图

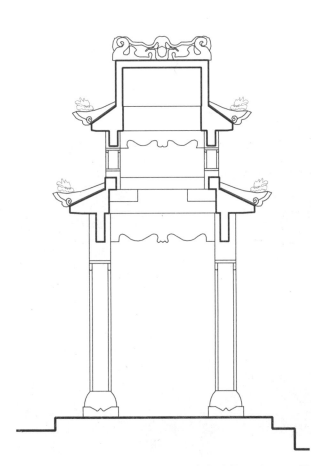

图 134 清泉寺钟鼓楼剖面测绘图

图 135 清泉寺第一进院落透过钟楼看向老君殿

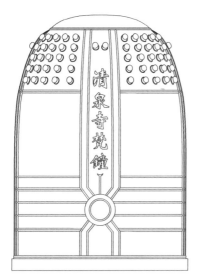

图 136 清泉寺钟楼细节特写

钟楼内挂有一口大钟，造型端正优美，钟面刻有"清泉寺梵钟"五个大字。钟面上的图案和文字，工艺精美、细腻（图137、图138）。钟的顶部铸有两只蒲牢。相传蒲牢为龙的九子中的老四，性好鸣，受击就大声吼叫，充作洪钟提梁的兽钮，可助其鸣声远扬。从清泉寺第一进院落看向钟楼见图139。

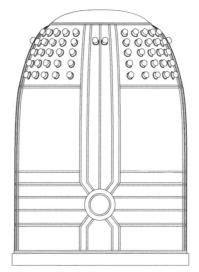

图 137 清泉寺钟楼钟体测绘图

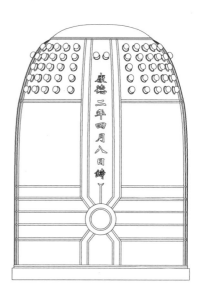

图 138 清泉寺钟楼内大钟特写

图 139 从清泉寺第一进院落看向钟楼

钟楼和鼓楼两侧各立三座石碑（图 140 ～ 图 144）。最早为明万历三十五年所立，碑上首句刻有"唐王建刹"、"后经吴姑重修"字样，另有清乾隆、同治年间所立的数座石碑记述此寺的重修缘起。碑上刻有精美繁复的蟠龙纹，虽年代久远，受风雨的剥蚀，却依然清晰可见。

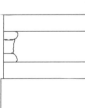

图 140 清泉寺石碑之一

图 141 清泉寺石碑之二

清泉寺石碑正立面测绘图　　　　图 143　清泉寺石碑背立面测绘图　　　图 144　清泉寺石碑侧立面测绘图

狮子乃佛教灵兽，《传灯录》曰：释迦佛生时，一手指天，一手指地，作狮子吼，云：天上天下，惟吾独尊。当然，佛教中的狮子并非真狮，而是被神化和艺术化了的狮子形象。也许正因为这种原因，狮子也成了放在大门前的护门兽。大雄宝殿前有一对石狮，比山门前的石狮大得多，雕工大气，外观甚新，当属近年增添（图145～图148）。

图145 清泉寺大雄宝殿前石狮

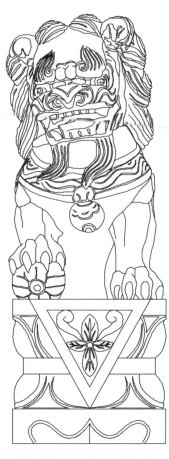

图146 清泉寺大雄宝殿前石狮正立面测绘图

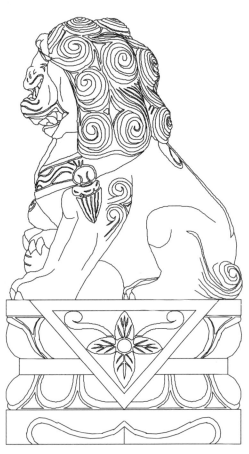

图147 清泉寺大雄宝殿前石狮侧立面测绘图

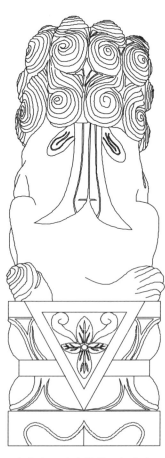

图148 清泉寺大雄宝殿前石狮背立面测绘图

清泉寺的山门和大雄宝殿前各有两座石灯（图149～图151）。石灯最早雏形是中国供佛时点禅灯，后来这种形式经朝鲜传入日本，是日本石文化的重要内容之一。大多数的石灯是用于庭院、园林装饰。清泉寺的石灯亦作装饰之用，同殿前石狮一样，属近年添置。

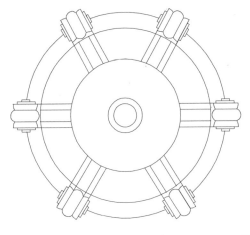

图 150 清泉寺石灯俯视测绘图

图 149 清泉寺第二进院落石灯

图 151 清泉寺石灯正立面测绘图

发展经济的同时兼顾人文生态

清泉寺藏于深山之中，选址精当，保留至今的格局较为完整，粗犷中不失细腻，质朴中不失精巧，彰显出辽南古建筑所独有的风格。古寺依山就势，背倚青山，面向深谷，因地制宜，与山林地形完美结合，使得建筑融合于自然之中，形成幽雅、清静的环境。建筑群轴线明晰，布局严谨，气势雄浑，上下、左右、纵横方向延伸开展，在清泉寺现有壁画中（图152）可看出自由多变的院落空间。清泉寺的单体建筑，风格多变，朴实而不失大气，坚固而又不失精巧。殿阁之间曲径回廊，雕梁画栋，飞檐翘角，庄严雄伟，古朴典雅。中殿与大雄宝殿的木架构更是难能可贵地保留了元代的手法和风格，加之寺中的古松、古碑，令千年古刹倍增古意。中殿内壁画，构图繁简适度，旋花纹样丰满圆润，和谐清雅，意境高远。殿内塑像，做工精致，线条流畅，栩栩如生。清泉寺是集合三教于一体的综合性建筑。虽还保留着佛教寺院严谨的伽蓝形制，但其中的佛教殿宇的宗教色彩日趋淡薄，相应的民间信仰氛围则日益凸显起来。

清泉寺融合了传统中国古建筑形式与辽南地方特色。古寺远远看去，青山逶迤，树影婆娑，好似一幅淡雅的水墨画。最美不过夕阳西垂，站于寺内高处，看落日西山，甚为惬意。暮色中，古寺仿佛披上一层若隐若现的薄纱，点点

村落尽化作黛色的剪影，流光溢彩中天地一色。清泉寺现有壁画见图152。

寺因城而得建，城因寺而闻名。巍霸山城清泉寺这座历尽沧桑的千年古刹，就像一部史书，丰富而厚重，既隐藏着无数的神秘故事，也凝聚了古人的智慧和力量，充满了独具魅力的历史感。冬季的清泉寺，在天与地间静思，心如湖水般平静（图153）。

一座古寺，不仅是宗教遗迹，更是古代文化的博物馆，含有丰富的文化蕴藏和历史信息，不仅具有建筑学的研究价值，更是文化学、社会学、民俗学等人文领域的浓缩。清泉寺保存了大量辽南地区的宗教和民俗文化，在整个辽南地区堪称翘楚。中国古建筑多为木结构，木材本身的特性决定了古建筑的难以保存性。通过对清泉寺的实地考察和测绘研究，我们深感保护和修缮这座古寺的必要性和迫切性。

近年来，随着当地旅游业的繁荣，古寺维护与改造受到一定的负面影响。例如北侧新建的清泉禅寺虽气势恢宏，但很多建筑装饰已经偏离了佛寺建筑的基本规制，显得不伦不类。如何协调旅游开发与古建筑保护，是一个值得深入思考的问题。古建筑保护任重而道远，不可急功近利，否则不但保护的目的没有达到，反而会招致更大的破坏。历史环境和文化遗存，

一旦遭到破坏就无法复得，损失无法估量。

衷心希望通过本书，让更多的人了解这处访古佳所，同时也建议当地政府在发展社会经济的同时能够兼顾人文生态问题，让这座古刹继续闪烁文明的光辉。

图 152 清泉寺现有壁画

图 153 清泉寺冬季仪门景色

参考文献

[1] 大连百科全书编纂委员会. 大连百科全书 [M]. 北京：中国大百科全书出版社, 1999.

[2] 李允鉌. 华夏意匠 [M]. 天津：天津大学出版社, 2005.

[3] 赵广超. 不只中国木建筑 [M]. 北京：生活·读书·新知三联书店, 2006.

[4] 大连通史编纂委员会. 大连通史——古代卷 [M]. 北京：人民出版社, 2007.

[5] 陆元鼎. 中国民居研究五十年 [J]. 建筑学报, 2007, (11).

[6] 中国民族建筑研究会. 中国民族建筑研究 [M]. 北京：中国建筑工业出版社, 2008.

[7] 孙激扬, 呆树. 普兰店史话 [M]. 大连：大连海事大学出版社, 2008.

[8] 李振远. 大连文化解读 [M]. 大连：大连出版社, 2009.

[9] 大连市文化广播影视局. 大连文物要览 [M]. 大连：大连出版社, 2009.

历史照片

取自《大连老建筑——凝固的记忆》

CAD 测绘

大连理工大学建筑系 06 级队

大连理工大学建筑系 07 级队

大连理工大学建筑系 09 级队

大连理工大学建筑系 10 级队

大连理工大学建筑系 11 级队

大连理工大学建筑系 12 级队

大连理工大学建筑系 13 级队

影像资料采集

大连风云建筑设计有限公司
大连兰亭聚文化传媒有限公司

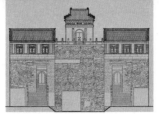

后 记

　　在大家的共同的努力下，在众多有识之士的帮助与支持下，这套介绍大连古建筑的丛书终于出版了，需要感谢的人太多了！

　　我们要感谢齐康院士对本丛书提出的宝贵意见，并为本丛书欣然命笔写了序。我们要感谢普兰店市文体局张福君局长，连续几年的调研、测绘工作是在张局长帮助与支持下完成的。我们要感谢大连理工大学建筑与艺术学院建筑系06～13级的同学们，每当夏天就是我们共同在测绘现场的日子。我们要感谢兰亭聚文化传媒有限公司的陈煜董事长及其团队，他们无冬历夏反复的、精益求精的拍摄让我们感受到了专业团队的敬业精神。正是有这么多人，他们怀着对古建筑和传统文化探索的热情，有的默默工作，有的奔走呼号。他们的言行鞭策着我们，他们的言行更是我们的动力。

　　在大连这座曾经的殖民地城市做中国古建筑调研工作的选题其实是要点勇气的。其次，对这样一批分布较散的建筑进行调研、测绘等工作，其工作量之大我们也是预先估计不足的，有一些工作现场先后去了不下五六次。再者，参与策划、调研、咨询、测绘和摄影摄像等工作的人员众多，工作周期很长，需要克服的如时间、经费及工作环境与条件等因素也较多。个中的艰辛和劳心劳力就不必细说了，任务完成之余大家感慨万千，商量许久，共同留下了一些感想：

　　通过参与这几年对大连的这批古建筑的调研工作，具体的感触是让我们觉得古建筑的保护仍然是个十分严峻的课题。这10余处古建筑大多为省保单位，只有一两处为市保单位，甚至还有一处为国保单位。它们无论从保护的制度到措施一应俱全，因此还算基本保存完好，但也存在一些问题。然而调研的有些古建筑也是保护单位，并且本身也具备一些历史价值，但从保护的角度看却显得不如人意，故无法将其收录。有些古建筑已经无法无破坏性修缮，有的古建筑的原状已经被歪曲篡改，其艺术价值和工艺价值都大大降低。有些古建筑单位在修缮中任意扩大规模，甚至过度开发旅游，加建太多破坏了环境。有些在修缮中夸大古建筑原有的等级，建筑装饰与彩绘失去规制，建筑风格南辕北辙。我们调研的大多数修缮过的古建筑，基本上不采用传统工艺。只有真正达到保存原来的传统工艺技术，还需要保存其形制、结构与材料，才能达到保存古建筑的原状。修缮文物古建筑的基本原则是要用原有的技术、原有的工艺、原有的材料，这也是搞好文物古建筑修缮的根本保证。《中国文物古迹保护准则》第二十二条也规定："按照保护要求使用保护技术。独特的传统工艺技术必须保留。所有的新材料和新工艺都必须经过前期试验和研究，证明是有效的，对文物古迹是无害的，才可以使用。"在传统工艺方面我们做得太不够了。

我们还体会到，决不能抛弃民族传统，割断历史，因为中国古建筑与传统城市的艺术、功能和形式是经过了几千年的历史发展逐步形成的。对我国独特的传统文化的追求和继承，不应仅仅停留在形式剪辑的层面上，而应追求内涵和精神方面更深层面的表现，将现代要求、现代方法与传统的文化形态很好地结合起来，做到灵活运用，并抓住中国传统城市与古建筑文化的本质内涵。

并且我们理应肩负起中国传统建筑文化的现代化使命，去面对当今建筑文化全球化趋势的挑战。这就要求我们认识中国传统建筑文化的本质内涵，从哲学的深度来研究传统文化的起源、变化和发展，要求我们对传统文化的精髓有比较深刻的理解，认真从传统城市与古建筑的演变过程中，探索出继承、创新及发展的新思路。

胡文荟

2015 年 4 月